C++
面向对象程序设计教程（第4版）
习题解答与上机指导

陈维兴 林小茶 陈昕 编著

清华大学出版社
北京

内 容 简 介

本书是《C++ 面向对象程序设计教程(第 4 版)》(陈维兴、林小茶编著,清华大学出版社 2018 年出版)的配套用书。书中内容分为两部分:第 1 部分是《C++ 面向对象程序设计教程(第 4 版)》习题与参考解答,给出了教材中所有习题的参考答案;第 2 部分是 C++ 上机实验指导,详细介绍了 C++ 上机操作方法,包括对 Visual C++ 6.0 和 Visual C++ 2010 两个环境的简单介绍,同时精心设计了与教材内容配套的 7 组实验题,每组实验题目都包括“实验目的和要求”“实验内容和步骤”,供上机实验参考。在本书的最后一章给出了各组上机实验题的参考解答,供读者参考和借鉴,以帮助读者更好地掌握 C++ 面向对象程序设计的基本概念和编程方法。

本书可作为学习《C++ 面向对象程序设计教程(第 4 版)》的辅助教材,也可供学习 C++ 的其他读者参考。

图书在版编目(CIP)数据

C++ 面向对象程序设计教程(第 4 版)习题解答与上机指导/陈维兴,林小茶,陈昕编著.—4 版.—北京:清华大学出版社,2018 (2024.2重印)

ISBN 978-7-302-50370-5

Ⅰ.①C… Ⅱ.①陈… ②林… ③陈… Ⅲ.①C++ 语言-程序设计-高等学校-教学参考资料 Ⅳ.①TP312.8

中国版本图书馆 CIP 数据核字(2018)第 118075 号

责任编辑:柳 萍
封面设计:何凤霞
责任校对:赵丽敏
责任印制:丛怀宇

出版发行:清华大学出版社
网 址:https://www.tup.com.cn,https://www.wqxuetang.com
地 址:北京清华大学学研大厦 A 座 **邮 编**:100084
社 总 机:010-84370000 **邮 购**:010-62786544
投稿与读者服务:010-62776969,c-service@tup.tsinghua.edu.cn
质量反馈:010-62772015,zhiliang@tup.tsinghua.edu.cn
印 装 者:三河市少明印务有限公司
经 销:全国新华书店
开 本:185mm×260mm **印 张**:12 **字 数**:291 千字
版 次:2003 年 5 月第 1 版 2018 年 10 月第 4 版 **印 次**:2024 年 2月第8次印刷
定 价:38.00 元

产品编号:077008-02

前　言

学过程序设计的人,都有一个体会,看别人编写的程序,好像挺明白的,但是一旦要自己编写一个程序,就感觉无从下手。这是因为程序设计是一门对实践环节要求很高的课程,初学者要想真正学会 C++ 面向对象程序设计,最重要的是抓住两个关键环节:一个是多做习题多编程;另一个就是多上机,写在纸上的程序是否正确,最好的办法就是上机验证。为此,我们编写了这本习题解答与上机指导书,以期帮助读者尽快地掌握 C++ 语言程序设计的基本规则与编程技巧,并能够熟练运用这些规则与技巧,编制出具有良好风格的应用程序,最终能够顺利地通过上机调试。

本书的主要内容分为两部分:第 1 部分是《C++ 面向对象程序设计教程(第 4 版)》(陈维兴、林小茶编著,清华大学出版社 2018 年出版)习题与参考解答,详细解答了教材中的所有习题;第 2 部分是 C++ 上机实验指导,详细介绍了 C++ 上机操作方法,并精心设计了与教材内容配套的 7 组实验题,每组实验题目都包括"实验目的和要求""实验内容和步骤",供上机实验时参考。在本书的最后一章给出了各组上机实验题的参考解答,帮助初学者掌握实验内容和理解具体实现步骤,以更好地掌握 C++ 面向对象程序设计的基本概念和编程方法。

提供习题参考解答和实验题参考解答的主要目的是供读者参考和借鉴,作者在这里要强调一点,程序设计是创作的过程,解决一个实际问题的程序肯定不是唯一的,因此,在阅读本书的参考解答之前,希望读者已经独立思考过教材中的习题及实验题目,这样才有助于程序设计水平的提高,不要把本书的参考解答作为唯一的答案。本书中所有程序都经作者在 Visual C++ 6.0 及 Visual C++ 2010 上调试通过(注意,在两个环境下调试会有一点区别,请读者参考主教材的相关内容)。

本书内容是作者多年教学实践的总结,虽然得到了读者的肯定,但由于编者水平有限,错误和不当之处在所难免,在此恳请广大读者批评指正。

编　者

2018 年 4 月

目　　录

第1部分　《C++面向对象程序设计教程(第4版)》习题与参考解答

第2部分　C++上机实验指导

第1部分

《C++面向对象程序设计教程(第4版)》习题与参考解答

第1章 面向对象程序设计概述

【1.1】 什么是面向对象程序设计?

【解】 面向对象程序设计是一种新的程序设计范型。这种范型的主要特征是:

程序 = 对象 + 消息

面向对象程序的基本元素是对象,面向对象程序的主要结构特点是:第一,程序一般由类的定义和类的使用两部分组成;第二,程序中的一切操作都是通过向对象发送消息来实现的,对象接收到消息后,启动有关方法完成相应的操作。

面向对象程序设计方法模拟人类习惯的解题方法,代表了计算机程序设计新颖的思维方式。这种方法的提出是对软件开发方法的一场革命,是目前解决软件开发面临困难的最有希望、最有前途的方法之一。

【1.2】 什么是对象?什么是类?对象与类的关系是什么?

【解】 在现实世界中,任何事物都是对象。它可以是一个有形的具体存在的事物,例如一张桌子、一个学生、一辆汽车,甚至一个地球;它也可以是一个无形的、抽象的事件,例如一次演出、一场球赛、一次出差等。对象既可以很简单,也可以很复杂,复杂的对象可以由若干简单的对象构成,整个世界都可以认为是一个非常复杂的对象。在现实世界中,对象一般可以表示为:属性+行为,一个对象往往是由一组属性和一组行为构成的。

在面向对象程序设计中,对象是描述其属性的数据以及对这些数据施加的一组操作封装在一起构成的统一体。在C++中每个对象都是由数据和操作代码(通常用函数来实现)两部分组成的。

在现实世界中,“类”是一组具有相同属性和行为的对象的抽象。类和对象之间的关系是抽象和具体的关系。类是对多个对象进行综合抽象的结果,对象又是类的个体实物,一个对象是类的一个实例。

在面向对象程序设计中,“类”就是具有相同的数据和相同的操作(函数)的一组对象的集合,也就是说,类是对具有相同数据结构和相同操作的一类对象的描述。

类和对象之间的关系是抽象和具体的关系。类是多个对象进行综合抽象的结果,一个对象是类的一个实例。例如“学生”是一个类,它是由许多具体的学生抽象而来的一般概念。同理,桌子、教师、计算机等都是类。

【1.3】 现实世界中的对象有哪些特征?请举例说明。

【解】 现实世界中的对象,具有以下特性:

(1) 每一个对象必须有一个名字以区别于其他对象;

(2) 用属性来描述它的某些特征;

(3) 有一组操作,每组操作决定对象的一种行为;

(4) 对象的行为可以分为两类:一类是作用于自身的行为;另一类是作用于其他对象的行为。

例如，雇员刘明是一个对象。

对象名：

　　刘明

对象的属性：

　　年龄：36

　　生日：1966.10.30

　　工资：20000

　　部门：人事部

对象的操作：

　　吃饭

　　开车

【1.4】 什么是消息？消息具有什么性质？

【解】 在面向对象程序设计中，一个对象向另一个对象发出的请求被称为“消息”。当对象接收到发向它的消息时，就调用有关的方法，执行相应的操作。例如，有一个教师对象张三和一个学生对象李四，对象李四可以发出消息，请求对象张三演示一个实验，当对象张三接收到这个消息后，确定应完成的操作并执行之。

一般情况下，我们称发送消息的对象为发送者或请求者，接收消息的对象为接收者或目标对象。对象中的联系只能通过消息传递来进行。接收对象只有在接收到消息时，才能被激活，被激活的对象会根据消息的要求完成相应的功能。

消息具有以下三个性质：

(1) 同一个对象可以接收不同形式的多个消息，作出不同的响应；

(2) 相同形式的消息可以传递给不同的对象，所作出的响应可以是不同的；

(3) 对消息的响应并不是必需的，对象可以响应消息，也可以不响应。

【1.5】 什么是抽象和封装？请举例说明。

【解】 抽象是将有关事物的共性归纳、集中的过程。抽象是对复杂世界的简单表示，抽象并不打算了解全部问题，而只强调感兴趣的信息，忽略了与主题无关的信息。例如，在设计一个成绩管理程序的过程中，只关心学生的姓名、学号、成绩等，而对他的身高、体重等信息就可以忽略。而在学生健康信息管理系统中，身高、体重等信息必须抽象出来，而成绩则可以忽略。

抽象是通过特定的实例（对象）抽取共同性质后形成概念的过程。面向对象程序设计中的抽象包括两个方面：数据抽象和代码抽象（或称为行为抽象）。前者描述某类对象的属性或状态，也就是此类对象区别于彼类对象的特征物理量；后者描述了某类对象的共同行为特征或具有的共同功能。

在现实世界中，所谓封装就是把某个事物包围起来，使外界不知道该事物的具体内容。在面向对象程序设计中，封装是指把数据和实现操作的代码集中起来放在对象内部，并尽可能隐蔽对象的内部细节。

下面以一台洗衣机为例，说明对象的封装特征。首先，每一台洗衣机有一些区别于其他洗衣机的静态属性，例如出厂日期、机器编号等。另外，洗衣机上有一些按键，如“启动”“暂停”“选择”等，当人们使用洗衣机时，只要根据需要按下“选择(洗衣的方式)”“启动”或“暂停”等按键，洗衣机就会完成相应的工作。这些按键安装在洗衣机的表面，人们通过它们与洗衣机交流，告诉洗衣机应该做什么。我们无法(当然也没必要)操作洗衣机的内部电路和机械控制部件，因为它们被装在洗衣机里面，这对于用户来说是隐蔽的，不可见的。

【1.6】 什么是继承？请举例说明。

【解】 继承所表达的是类之间的相关关系，这种关系使得某类对象可以继承另外一类对象的特征和能力。现实生活中，继承是很普遍和容易理解的。例如我们继承了我们父母的一些特征，如种族、血型、眼睛的颜色等，父母是我们所具有的属性的基础。

图 1.1 所示是一个继承的典型例子：汽车继承的层次。

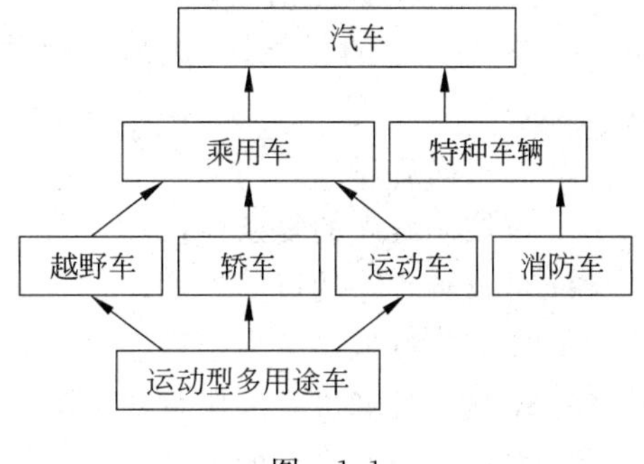

图 1.1

以面向对象程序设计的观点，继承所表达的是类之间相关的关系。这种关系使得某一类可以继承另外一个类的特征和能力。

【1.7】 若类之间具有继承关系，则它们之间具有什么特征？

【解】 若类之间具有继承关系，则它们之间具有下列几个特性：

(1) 类间具有共享特征(包括数据和操作代码的共享)；

(2) 类间具有差别或新增部分(包括非共享的数据和操作代码)；

(3) 类间具有层次结构。

假设有两个类 A 和 B，若类 B 继承类 A，则类 B 包含了类 A 的特征(包括数据和操作)，同时也可以加入自己所特有的新特性。这时，我们称被继承类 A 为基类或父类；而称继承类 B 为类 A 的派生类或子类。同时，我们还可以说，类 B 是从类 A 中派生出来的。

【1.8】 什么是单继承、多继承？请举例说明。

【解】 从继承源上分，继承分为单继承和多继承。

单继承是指每个派生类只直接继承了一个基类的特征。图 1.2 表示了一种单继承关系。它表示 Windows 操作系统的窗口之间的继承关系。

多继承是指多个基类派生出一个派生类的继承关系。多继承的派生类直接继承了不止一个基类的特征。例如，小孩喜欢的玩具车即继承了车的一些特征，还继承了玩具的一些特征。如图 1.3 所示。

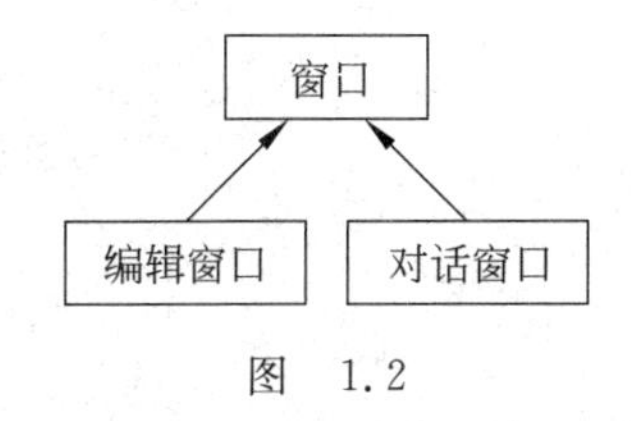

图 1.2

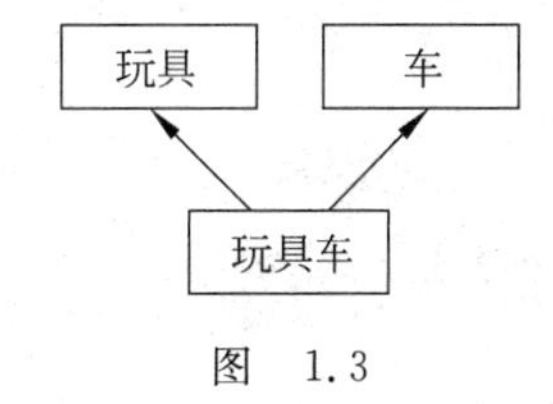

图 1.3

【1.9】 什么是多态性？请举例说明。

【解】 面向对象系统的多态性是指不同的对象收到相同的消息时执行不同的操作。例如，有一个窗口(Window)类对象，还有一个棋子(Piece)类对象，当我们对它们发出“移动”的消息时，“移动”操作在 Window 类对象和 Piece 类对象上可以有不同的行为。

C++ 语言支持两种多态性，即编译时的多态性和运行时的多态性。编译时的多态性是通过函数重载(包括运算符重载)来实现的，运行时的多态性是通过虚函数来实现的。

【1.10】 面向对象程序设计的主要优点是什么？

【解】 面向对象程序设计本质上改变了人们以往设计软件的思维方式，从而使程序设计者摆脱了具体的数据格式和过程的束缚，将精力集中于要处理对象的设计和研究上，极大地减少了软件开发的复杂性，提高了软件开发的效率。面向对象程序设计主要具有以下优点：

(1) 可提高程序的重用性；

(2) 可控制程序的复杂性；

(3) 可改善程序的可维护性；

(4) 能够更好地支持大型程序设计；

(5) 增强了计算机处理信息的范围；

(6) 能很好地适应新的硬件环境。

面向对象程序设计是目前解决软件开发面临难题的最有希望、最有前途的方法之一。

第2章　C++概述

【2.1】 简述C++的主要特点。

【解】 C++语言的主要特点表现在两个方面，一是全面兼容C，并对C的功能作了不少扩充，二是增加了面向对象的机制，具体表现为：

(1) C++是C的超集，C++保持与C的兼容，这就使许多C代码不经修改就可以为C++所用，用C编写的众多的库函数和实用软件可以用于C++中。

(2) C++是一个更好的C，它保持了C的简洁、高效和接近汇编语言等特点，并对C的功能作了不少扩充。用C++编写的程序比C更安全，可读性更好，代码结构更为合理，C++的编译系统能够检查出更多的类型错误。

(3) 用C++编写的程序质量高，从开发时间、费用到形成的软件的可重用性、可扩充性、可维护性和可靠性等方面有了很大的提高，使得大中型的程序开发变得更加容易。

(4) 增加了面向对象的机制，几乎支持所有的面问对象程序设计特征，体现了近20年来在程序设计和软件开发领域出现的新思想和新技术，这主要包括：

① 抽象数据类型；

② 封装与信息隐藏；

③ 以继承方式实现程序的重用；

④ 以函数重载、运算符重载和虚函数来实现多态性；

⑤ 以模板来实现类型的参数化。

C++语言最有意义的方面是支持面向对象的特征，然而，由于C++与C保持兼容，使得C++不是一个纯正的面向对象的语言，C++既可用于面向过程的结构化程序设计，也可用于面向对象的程序设计。

【2.2】 下面是一个C程序，改写它，使它采用C++风格的I/O语句。

```
#include<stdio.h>
int main()
{ int a,b,d,min;
  printf("Enter two numbers:");
  scanf("%d%d",&a,&b);
  min=a>b?b:a;
  for(d=2; d<min; d++)
    if(((a%d)==0)&&((b%d)==0))break;
  if(d==min)
  { printf("No common denominators\n");
```

```
    return 0;
  }
  printf("The lowest common denominator is %d\n",d);
  return 0;
}
```

【解】 修改后的程序如下：

```
#include<iostream>
using namespace std;
int main()
{ int a,b,d,min;
  cout<<"Enter two numbers:";
  cin>>a;
  cin>>b;
  min=a>b?b:a;
  for(d=2; d<min; d++)
    if(((a%d)==0)&&((b%d)==0))break;
  if(d==min)
  { cout<<"No common denominators\n";
    return 0;
  }
  cout<<"The lowest common denominator is"<<endl<<d;
  return 0;
}
```

【2.3】 测试下面的注释(它在C++风格的单行注释中套入了类似于C的注释)是否有效：

```
//this is a strange /*way to do a comment*/
```

【解】 此注释有效，单行注释中可以嵌套/*……*/方式的注释。

【2.4】 以下这个简短的C++程序不可能编译通过，为什么？

```
#include<iostream>
using namespace std;
int main()
{ int a,b,c;
  cout<<"Enter two numbers: ";
  cin>>a>> b;
  c=sum(a,b);
  cout<<"sum is:"<<c;
  return 0;
}
int sum(int a,int b)
{ return a+b;
}
```

【解】 不可能通过编译的原因是：在程序中，当一个函数的定义在后，而对它的调用在前时，必须将该函数的原型写在调用语句之前，而在本程序中缺少函数原型语句。在语句“using namespace std;”后加上函数原型语句“int sum(int a,int b);”就可通过编译。

【2.5】 回答问题。

(1) 以下两个函数原型是否等价：

```
float fun(int a,float b,char * c);
float fun(int,float,char * );
```

(2) 以下两个函数的第 1 行是否等价：

```
float fun(int a,float b,char * c)
float fun(int,float,char * )
```

【解】

(1) 这两个函数原型是等价的，因为函数原型中的参数名可以缺省。

(2) 这两个函数的第 1 行是不等价的，因为这个函数的第 1 行中必须包含参数名。

【2.6】 下列语句中错误的是(　　)。

A. int * p=new int(10);　　　　B. int * p=new int[10];

C. int * p=new int;　　　　D. int * p=new int[40](0);

【解】 D

说明：“int * p=new int(10);”表示动态分配 1 个整型内存空间，初值为 10；“int * p=new int[10];”表示动态分配 10 个整型内存空间；

“int * p=new int;”表示动态分配 1 个整型内存空间；

“int * p=new int[40](0)”想给一个数组分配内存空间时，对数组进行初始化，这是不允许的。

【2.7】 假设已经有定义“const char * const name="chen";”下面的语句中正确的是(　　)。

A. name[3]='a';　　　　B. name="lin";

C. name=new char[5];　　　　D. cout<<name[3];

【解】 D

说明：name 被定义为指向常量的常指针，所以它所指的内容和本身的内容都不能修改，而“name[3]='a';”修改了 name 所指的常量，“name="lin";”和“name=new char[5];”修改了常指针，只有 D 输出一个字符是正确的。

【2.8】 假设已经有定义“char * const name="chen";”下面的语句中正确的是(　　)。

A. name[3]='q';　　　　B. name="lin";

C. name=new char[5];　　　　D. name=new char('q');

【解】 A

说明：name 被定义常指针，所以它所指的内容能改变，但指针本身的内容不可以修改，“name[3]='q';”修改了 name 所指的内容，是正确的。而“name="lin";”“name=new char[5];”和“name=new char('q');”以不同的方法修改了常指针，都是错误的。

【2.9】 假设已经有定义“const char * name="chen";”，下面的语句中错误的是(　　)。

A. name[3]='q';　　　　B. name="lin";

C. name=new char[5];　　　　D. name=new char('q');

【解】 A

说明：name被定义指向常量的指针，所以它所指的内容不能改变，但指针本身的内容可以修改，而“name[3]='q';”修改了name所指的内容，是错误的。“name=="lin";”“name=new char[5];”和“name=new char('q')”以不同的方法修改了常指针，都是正确的。

【2.10】 重载函数在调用时选择的依据中，(　　)是错误的。

A. 函数名字　　　　B. 函数的返回类型

C. 参数个数　　　　D. 参数的类型

【解】 B

【2.11】 在(　　)情况下适宜采用内联函数。

A. 函数代码小，频繁调用　　　　B. 函数代码多，频繁调用

C. 函数体含有递归语句　　　　D. 函数体含有循环语句

【解】 A

【2.12】 下列描述中，(　　)是错误的。

A. 内联函数主要解决程序的运行效率问题

B. 内联函数的定义必须出现在内联函数第一次被调用之前

C. 内联函数中可以包括各种语句

D. 对内联函数不可以进行异常接口声明

【解】 C

【2.13】 在C++中，关于下列设置默认参数值的描述中，(　　)是正确的。

A. 不允许设置默认参数值

B. 在指定了默认值的参数右边，不能出现没有指定默认值的参数

C. 只能在函数的定义性声明中指定参数的默认值

D. 设置默认参数值时，必须全部都设置

【解】 B

【2.14】 下面的类型声明中正确的是(　　)。

A. int & a[4];　　　　B. int & * p;

C. int && q;　　　　D. int i, * p=&i;

【解】 D

说明：C++中不能建立引用数组和指向引用的指针，也不能建立引用的引用。所以A、B、C是错误的，D是正确的。

【2.15】 下面有关重载函数的说法中正确的是(　　)。

A. 重载函数必须具有不同的返回值类型　　B. 重载函数形参个数必须不同

C. 重载函数必须有不同的形参列表　　　　D. 重载函数名可以不同

【解】 C

【2.16】 关于 new 运算符的下列描述中,(　　)是错误的。

A. 它可以用来动态创建对象和对象数组

B. 使用它创建的对象或对象数组可以使用运算符 delete 删除

C. 使用它创建对象时要调用构造函数

D. 使用它创建对象数组时必须指定初始值

【解】 D

【2.17】 关于 delete 运算符的下列描述中,(　　)是错误的。

A. 它必须用于 new 返回的指针

B. 使用它删除对象时要调用析构函数

C. 对一个指针可以使用多次该运算符

D. 指针名前只有一对方括号符号,不管所删除数组的维数

【解】 C

【2.18】 写出下列程序的运行结果。

```
#include<iostream>
using namespace std;
int i=15;
int main()
{ int i;
  i=100;
  ::i=i+1;
  cout<<::i<<endl;
  return 0;
}
```

【解】 本程序的运行结果如下:

```
101
```

说明:在语句"::i=i+1;"中赋值号左边"::i"的中 i 是全局变量,赋值号右边的 i 是局部变量。所以执行该语句的结果是将局部变量 i 的值加 1(即 101)后赋值给全局变量 i。

【2.19】 写出下列程序的运行结果。

```
#include<iostream>
using namespace std;
void f(int &m,int n)
{ int temp;
  temp=m;
  m=n;
  n=temp;
}
int main()
{ int a=5,b=10;
  f(a,b);
  cout<<a<<" "<<b<<endl;
  return 0;
}
```

【解】 本程序的运行结果如下：

```
10  10
```

说明：函数 f(&m,n)中第 1 个参数是引用参数，引用参数是一种按地址传递参数的方法，对它的调用是传地址调用；而第 2 个参数是变量参数，对它的调用是传值调用。所以调用函数 f 后，实参 a 的值被改为 10，实参 b 的值不变，仍为 10。

【2.20】 分析下面程序的输出结果。

```
#include<iostream>
using namespace std;
int &f(int &i)
{ i+=10;
  return i;
}
int main()
{ int k=0;
  int &m=f(k);
  cout<<k<<endl;
  m=20;
  cout<<k<<endl;
  return 0;
}
```

【解】 本程序的运行结果如下：

```
10
20
```

说明：函数 f 的参数是变量的引用，对它的调用是传地址调用，所以函数 f 调用后，主函数中 k 的值变为 10。又由于 m 是对函数 f 的引用，当 m 被赋值为 20 时，k 的值也变为 20。

【2.21】 举例说明可以使用 const 替代#define，以消除#define 的不安全性。

【解】 例如，以下程序显示出#define 的不安全性：

```
#include<iostream>
using namespace std;
#define A 2+4
#define B A*3
int main()
{ cout<<B<<endl;
  return 0;
}
```

上面程序的运行结果是 14，而不是 18，但很容易被认为是 18。

下面程序使用 const 替代了#define，就可以消除#define 的不安全性：

```
#include<iostream>
```

```
using namespace std;
int const A=2+4;
int const B=A*3;
int main()
{ cout<<B<<endl;
  return 0;
}
```

使用 const 以后，运行结果是 18。

【2.22】 编写一个C++ 风格的程序，用动态分配空间的方法计算 Fibonacci 数列的前 20 项并存储到动态分配的空间中。

【解】 实现本题功能的程序如下：

```
#include<iostream>
using namespace std;
int main()
{ int *p=new int[20];                        //动态分配 20 个整型内存空间
   *p=1;
   *(p+1)=1;                                 //对前面两个内存空间赋值 1
  cout<<*p<<"\t"<<*(p+1)<<"\t";
  p=p+2;                                     //p 指向第三个内存空间
  for(int i=3;i<=20;i++)
  { *p=*(p-1)+*(p-2);
    cout<<*p<<"\t";
    if(i%5==0) cout<<endl;
    p++;                                     //p 指向下一个内存空间;
  }
  return 0;
}
```

本程序的运行结果如下：

```
1     1     2     3     5
8     13    21    34    55
89    144   233   377   610
987   1597  2584  4181  6765
```

【2.23】 编写一个C++ 风格的程序，建立一个被称为 sroot()的函数，返回其参数的二次方根。重载 sroot()3 次，让它返回整数、长整数与双精度数的二次方根(计算二次方根时，可以使用标准库函数 sqrt())。

【解】 实现本题功能的程序如下：

```
#include<iostream>
#include<cmath>
using namespace std;
double sroot(int i)
{ return sqrt((double)i);
```

```
}
double sroot(long l)
{ return sqrt((double)l);
}
double sroot(double d)
{ return sqrt((double)d);
}
int main()
{ int i=12;
  long l=1234;
  double d=12.34;
  cout<<"i 的二次方根是:"<<sroot(i)<<endl;
  cout<<"l 的二次方根是:"<<sroot(l)<<endl;
  cout<<"d 的二次方根是:"<<sroot(d)<<endl;
  return 0;
}
```

【2.24】 编写一个C++风格的程序,解决百钱问题：将一元人民币兑换成1、2、5分的硬币,有多少种换法?

【解】 实现本题功能的程序如下：

```
#include<iostream>
using namespace std;
int main()
{ int i,j,sum=0;;
  for(i=0;i<=20;i++)
    for(j=0;j<=50;j++)
      if(100-5*i-2*j>=0)
      { sum++;
        cout<<100-5*i-2*j<<"\t"<<j<<"\t"<<i<<endl;
      }
  cout<<"sum is "<<sum<<endl;
  return 0;
}
```

本程序的运行结果如下：

(541种组合情况,结果略)

```
sum is 541
```

【2.25】 编写一个C++风格的程序,输入两个整数,将它们按由小到大的顺序输出。要求使用变量的引用。

【解】 实现本题功能的程序如下：

```
#include<iostream>
using namespace std;
int main()
```

```
{ void change(int &,int &);
    int a,b;
    cin>>a>>b;
    if(a>b)change(a,b);
    cout<<a<<"  "<<b<<endl;
    return 0;
}
void change(int &a1,int &b1)
{int temp;
    temp=a1;
    a1=b1;
    b1=temp;
}
```

本程序的运行结果如下：

```
56  23↙
23  56
```

【2.26】 编写C++风格的程序，用二分法求解 $f(x)=0$ 的根。

【解】 实现本题功能的程序如下：

```
#include<iostream>
#include <cmath>
using namespace std;
inline float f(float x)
{ return 2*x*x*x-4*x*x+3*x-6;
}
int main()
{ float left,right,middle,ym,yl,yr;
  cout<<"please two number:"<<endl;          //接收输入,确定第一组数据区域
  cin>>left>>right;
  yl=f(left);
  yr=f(right);
  do
  { middle=(right+left)/2;
    ym=f(middle);
      if(yr*ym>0)
      { right=middle;
        yr=ym;
      }
      else
      { left=middle;
        yl=ym;
      }
  } while(fabs(ym)>=1e-6);
  cout<<"\nRoot is :"<<middle;
```

```
  return 0;
}
```

本程序的运行结果如下：

```
please two number:
-10 10↙
Root is :2
```

说明：本例使用了内联函数 f(x)，因为在主程序中多次调用了它，这样可以加快代码执行的速度。

第3章 类和对象

【3.1】 类声明的一般格式是什么？

【解】 类声明的一般格式如下：

```
class  类名{
  [ private:]
    私有数据成员和成员函数
  public:
    公有数据成员和成员函数
};
```

其中：class 是声明类的关键字，类名是要声明的类的名字；后面的花括号表示类声明的范围；最后的分号表示类声明结束。

除了 private 和 public 之外，类中的成员还可以用另一个关键字 protected 来说明。这时类声明的格式可写成：

```
class  类名{
  [private:]
    私有数据成员和成员函数
  public:
    公有数据成员和成员函数
protected:
  保护数据成员和成员函数
  };
```

被 protected 说明的数据成员和成员函数称为保护成员。保护成员可以由本类的成员函数访问，也可以由本类的派生类的成员函数访问，而类外的任何访问都是非法的，即它是半隐蔽的。

【3.2】 构造函数和析构函数的主要作用是什么？它们各有什么特性？

【解】 构造函数是一种特殊的成员函数，它主要用于为对象分配空间，进行初始化。构造函数的名字必须与类名相同，而不能由用户任意命名。它可以有任意类型的参数，但不能具有返回值类型。它不需要用户来调用，而是在建立对象时自动执行。

构造函数具有一些特性：

(1) 构造函数的名字必须与类名相同，否则编译程序将把它当作一般的成员函数来处理。

(2) 构造函数没有返回值，在定义构造函数时，是不能说明它的类型的，甚至说明为 void 类型也不行。

(3) 构造函数的函数体可写在类体内，也可写在类体外。

(4) 构造函数的作用主要是用来对对象进行初始化，用户根据初始化的要求设计函数体和函数参数。在构造函数的函数体中不仅可以对数据成员赋初值，而且可以包含其他语句，但是，为了保持构造函数的功能清晰，一般不提倡在构造函数中加入与初始化无关的内容。

(5) 构造函数一般声明为公有成员，但它不需要也不能像其他成员函数那样被显式地调用，它是在定义对象的同时被自动调用的，而且只执行一次。

(6) 在实际应用中，通常需要给每个类定义构造函数。如果没有给类定义构造函数，则编译系统自动地生成一个默认构造函数。

析构函数也是一种特殊的成员函数。它执行与构造函数相反的操作，通常用于执行一些清理任务，如释放分配给对象的内存空间等。析构函数有以下一些特点：

(1) 析构函数名与类名相同，但它前面必须加一个波浪号(～)。

(2) 析构函数不返回任何值。在定义析构函数时，是不能说明它的类型的，甚至说明为void类型也不行。

(3) 析构函数没有参数，因此它不能被重载。一个类可以有多个构造函数，但是只能有一个析构函数。

(4) 撤销对象时，编译系统会自动地调用析构函数。

【3.3】 什么是对象数组？

【解】 所谓对象数组是指每一数组元素都是对象的数组，也就是说，若一个类有若干个对象，我们把这一系列的对象用一个数组来存放。对象数组的元素是对象，不仅具有数据成员，而且还有函数成员。

【3.4】 什么是this指针？它的主要作用是什么？

【解】 C++为成员函数提供了一个名字为this的指针，这个指针称为自引用指针。每当创建一个对象时，系统就把this指针初始化为指向该对象，即this指针的值是当前被调用的成员函数所在的对象的起始地址。

每当调用一个成员函数时，系统就自动把this指针作为一个隐含的参数传给该函数。不同的对象调用同一个成员函数时，C++编译器将根据成员函数的this指针所指向的对象来确定应该引用哪一个对象的数据成员。

【3.5】 友元函数有什么作用？

【解】 友元函数不是当前类的成员函数，而是独立于当前类的外部函数，但它可以访问该类所有的成员，包括私有成员、保护成员和公有成员。

当一个函数需要访问多个类时，友元函数非常有用，普通的成员函数只能访问其所属的类，但是多个类的友元函数能够访问相应的所有类的数据。此外，在某些情况，例如运算符被重载时，需要用到友元函数。

【3.6】 假设在程序中已经声明了类point，并建立了其对象p1和p4。请回答以下几个语句有什么区别？

(1) point p2,p3;

(2) point p2=p1;

(3) point p2(p1);

(4) p4=p1;

【解】 语句(1)使用带默认参数的构造函数,或不带参数的构造函数,定义了 point 类的两个对象 p2 和 p3。

语句(2)在建立新对象 p2 时,用已经存在的对象 p1 去初始化新对象 p2,在这个过程中用"赋值法"调用了拷贝构造函数。

语句(3)在建立新对象 p2 时,用已经存在的对象 p1 去初始化新对象 p2,在这个过程中用"代入法"调用了拷贝构造函数。

语句(4)将对象 p1 数据成员的值拷贝到对象 p4 中,这个过程是通过默认赋值运算符函数实现的。

【3.7】 在下面有关构造函数的描述中,正确的是(　　)。

A. 构造函数可以带有返回值　　B. 构造函数的名字与类名完全相同

C. 构造函数必须带有参数　　D. 构造函数必须定义,不能默认

【解】 B

说明:C++ 中对构造函数有一些规定:不能带返回值;可以不带参数;也可以缺省定义;构造函数的名字与类名必须完全相同。

【3.8】 在声明类时,下面的说法正确的是(　　)。

A. 可以在类的声明中给数据成员赋初值

B. 数据成员的数据类型可以是 register

C. private、public、protected 可以按任意顺序出现

D. 没有用 private、public、protected 定义的数据成员是公有成员

【解】 C

说明:C++ 中没有限定 private、public、protected 的书写次序。但是,不能在类的声明中给数据成员赋初值,数据成员的数据类型也不能是 register。没有用 private、public、protected 定义的数据成员是私有成员。

【3.9】 在下面有关析构函数特征的描述中,正确的是(　　)。

A. 一个类中可以定义多个析构函数　　B. 析构函数名与类名完全相同

C. 析构函数不能指定返回类型　　D. 析构函数可以有一个或多个参数

【解】 C

说明:C++ 中对析构函数也有一些规定:没有参数;不能重载;析构函数的名字是在类名前加"~";析构函数不能指定返回类型。

【3.10】 构造函数是在(　　)时被执行的。

A. 程序编译　　B. 创建对象　　C. 创建类　　D. 程序装入内存

【解】 B

说明:构造函数的工作是在创建对象时自动执行的。

【3.11】 在下面有关静态成员函数的描述中,正确的是(　　)。

A. 在静态成员函数中可以使用 this 指针

B. 在建立对象前,就可以为静态数据成员赋值

C. 静态成员函数在类外定义时,要用 static 前缀

D. 静态成员函数只能在类外定义

【解】 B

说明：C++ 中规定，在建立对象前就可以为静态数据成员赋值。同时规定在静态成员函数中不能使用 this 指针；静态成员函数在类外定义时，不需要用 static 前缀；静态成员函数既可以在类内定义也可以在类外定义。

【3.12】 在下面有关友元函数的描述中，正确的说法是（ ）。

A. 友元函数是独立于当前类的外部函数

B. 一个友元函数不能同时定义为两个类的友元函数

C. 友元函数必须在类的外部定义

D. 在外部定义友元函数时，必须加关键字 friend

【解】 A

说明：在C++ 中友元函数是独立于当前类的外部函数，一个友元函数可以同时定义为两个类的友元函数，友元函数既可以在类的内部，也可以在类的外部定义；在外部定义友元函数时，不必加关键字 friend。

【3.13】 友元的作用之一是（ ）。

A. 提高程序的运行效率　　B. 加强类的封装性

C. 实现数据的隐藏性　　D. 增加成员函数的种类

【解】 A

说明：由于友元函数可以直接访问对象的私有成员，所以友元的作用是提高程序运行的效率。

【3.14】 以下程序的运行结果是（ ）。

```
#include<iostream>
using namespace std;
class B {
  public:
    B(){}
    B(int i,int j)
    { x=i;
      y=j;
    }
    void printb()
    { cout<<x<<","<<y<<endl;
    }
  private:
    int x,y;
};
class A{
  public:
    A()
    { }
    A(int I,int j);
    void printa();
  private:
    B c;
```

```
};
A::A(int i,int j):c(i,j)
{ }
void A::printa()
{ c.printb();
}
int main()
{ A a(7,8);
  a.printa();
  return 0;
}
```

A. 8,9　　　　B. 7,8　　　　C. 5,6　　　　D. 9,10

【解】 B

【3.15】 以下程序的运行结果是(　　)。

```
#include<iostream>
using namespace std;
class A{
  public:
    void set(int i,int j)
    { x=i;
      y=j;
    }
    int  get_y()
    { return y;
    }
  private:
    int x,y;
};
class box{
  public:
    void set(int l,int w,int s,int p)
    { length=l;
      width=w;
      label.set(s,p);
    }
    int get_area()
    { return length*width;
    }
  private:
    int length,width;
    A label;
};
int main()
{ box b;
```

```
    b.set(4,6,1,20);
    cout<<b.get_area()<<endl;
    return 0;
}
```

A. 24　　　　B. 4　　　　C. 20　　　　D. 6

【解】 A

说明：本题练习对象成员的应用。类 box 中的数据成员包括了类 A 的对象 lable，用于标识 box 对象在坐标上的位置。

【3.16】 以下程序的运行结果是(　　)。

```
#include<iostream>
using namespace std;
class Sample{
  public:
    Sample( int i,int j)
    { x=i;
      y=j;
     }
     void disp()
     { cout<<"disp1"<<endl;
     }
     void disp() const
     { cout<<"disp2"<<endl;
     }
  private:
     int x,y;
};
int main()
{ const Sample a(1,2);
  a.disp();
  return 0;
}
```

A. disp1　　　　B. disp2　　　　C. disp1 disp2　　　　D. 程序编译出错

【解】 B

说明：如果一个对象说明为常对象，则通过该对象只能调用它的常成员函数。题中，对象 a 被定义成类 Sample 的常对象，通过对象 a 只能调用其常成员函数 disp，所以程序最后输出 disp2。

【3.17】 以下程序的运行结果是(　　)。

```
#include<iostream>
using namespace std;
class R{
  public:
    R(int r1,int r2)
```

```
    { R1=r1;
     R2=r2;
    }
    void print();
    void print()  const;
  private:
    int R1,R2;
};
void R::print()
{ cout<<R1<<","<<R2<<endl;
}
void R::print() const
{ cout<<R1<<","<<R2<<endl;
}
int main()
{ R a(6,8);
  const R b(56,88);
  b.print();
  return 0;
}
```

A. 6,8　　B. 56,88　　C. 0,0　　D. 8,6

【解】 B

说明：本题中，b 为类 R 的常对象，通过 b 只能调用类 R 的常成员函数 print，输出 56,88。

【3.18】 写出下面程序的运行结果。

```
#include<iostream>
using namespace std;
class toy
{ public:
   toy(int q, int p)
   { quan=q;
     price=p;
    }
    int get_quan()
    { return quan;
    }
    int get_price()
    { return price;
    }
  private:
    int quan, price;
};
int main()
```

```
{ toy op[3][2]={
    toy(10,20),toy(30,48),
    toy(50,68),toy(70,80),
    toy(90,16),toy(11,120),
  };
  for(int i=0;i<3;i++)
  { cout<<op[i][0].get_quan()<<",";
    cout<<op[i][0].get_price()<<"\n";
    cout<<op[i][1].get_quan()<<",";
    cout<<op[i][1].get_price()<<"\n";
  }
  cout<<endl;
  return 0;
}
```

【解】 本程序的运行结果如下：

```
10,20
30,48
50,68
70,80
90,16
11,120
```

【3.19】 写出下面程序的运行结果。

```
#include<iostream>
using namespace std;
class example
{ public:
    example(int n)
    { i=n;
      cout<<"Constructing\n ";
    }
    ~example()
    { cout <<"Destructing\n";
    }
    int get_i()
    {  return i;
    }
  private:
    int i;
};
int sqr_it(example o)
{ return o.get_i() * o.get_i();
}
int main()
```

```
{ example x(10);
  cout<<x.get_i()<<endl;
  cout<<sqr_it(x)<<endl;
  return 0;
}
```

【解】 本程序的运行结果如下：

```
Constructing
10
Destructing
100
Destructing
```

说明：读者一定看出来了，本程序执行时构造函数只被调用了一次，但是，析构函数却被调用了两次。构造函数的调用发生在生成对象 x 的时候；析构函数的调用，第 1 次出现在执行函数 sqr_it 结束时，第 2 次出现在整个程序运行结束时。

在调用函数 sqr_it，进行实参和形参结合时，调用了拷贝构造函数(由于没有显式定义拷贝构造函数，这时调用的是系统自动生成的默认拷贝构造函数)，对形参对象 o 进行初始化。当函数 sqr_it 执行终止，对象 o 被撤销的时候，第 2 次调用了析构函数。

【3.20】 写出下面程序的运行结果。

```
#include<iostream>
using namespace std;
class aClass
{ public:
    aClass()
    { total++;
    }
    ~aClass()
    { total--;
    }
    int gettotal()
    { return total;
    }
  private:
    static int total;
};
int aClass::total=0;
int main()
{ aClass o1,o2,o3;
  cout<<o1.gettotal()<<"objects in existence\n";
  aClass * p;
  p=new aClass;
  if(!p)
  { cout<<"Allocation error\n";
```

```
        return 1;
    }
    cout<<o1.gettotal();
    cout<<"objects in existence after allocation\n";
    delete p;
    cout<<o1.gettotal();
    cout<<"objects in existence after deletion\n";
    return 0;
}
```

【解】 本程序的运行结果如下：

```
3 objects in existence
4 objects in existence after allocation
3 objects in existence after deletion
```

说明：这个程序使用静态数据成员追踪记载创建对象的个数。完成这一工作的方法就是每创建一个对象就调用构造函数一次。每调用构造函数一次，静态数据成员 total 就增加 1。每撤销一个对象就调用析构函数一次。每调用析构函数一次，静态数据成员 total 就减少 1。

【3.21】 写出下面程序的运行结果。

```
#include<iostream>
using namespace std;
class test
{ public:
      test() ;
      ~test(){ };
   private:
      int i;
};
test::test()
{ i=25;
   for(int ctr=0; ctr<10; ctr++)
   { cout<<"Counting at "<<ctr<<"\n";
   }
}
test anObject;
int main()
{ return 0;
}
```

【解】 本程序的运行结果如下：

```
Counting at 0
Counting at 1
Counting at 2
```

```
Counting at 3
Counting at 4
Counting at 5
Couhting at 6
Counting at 7
Counting at 8
Counting at 9
```

说明：在本程序中主函数 main 只包括了一个 return 语句，但竟然有内容输出！什么时候调用了构造函数？我们知道，构造函数在对象被定义时调用。那么对象 anObject 是何时被调用的呢？在主函数 main 之前，语句“test anObject”处。

【3.22】 写出下面程序的运行结果。

```
#include<iostream>
using namespace std;
class A{
    int a,b;
  public:
    A()
    { a=0;
      b=0;
      cout<<"Default constructor called.\n";
    }
    A(int i,int j)
    { a=i;
      b=j;
      cout<<"Constructor: a="<<a<<",b="<<b<<endl;
    }
  };
int main()
{ A a[3];
  A b[3]={A(1,2),A(3,4),A(5,6)};
  return 0;
}
```

【解】 本程序的运行结果如下：

```
Default constructor called.
Default constructor called.
Default constructor called.
Constructor: a=1,b=2
Constructor: a=3,b=4
Constructor: a=5,b=6
```

【3.23】 写出下面程序的运行结果。

```
#include<iostream>
using namespace std;
```

```
class Test{
  private:
    int val;
  public:
    Test()
    { cout<<"default."<<endl;
    }
    Test(int n)
      { val=n;
        cout<<"Con."<<endl;
      }
      Test(const Test& t)
      { val=t.val;
        cout<<"Copy con."<<endl;
      }
};
int main()
{ Test t1(6);
  Test t2=t1;
  Test t3;
  t3=t1;
  return 0;
}
```

【解】 本程序的运行结果如下：

```
Con.
Copy con.
default.
```

【3.24】 写出下面程序的运行结果。

```
#include<iostream>
using namespace std;
class N {
  private:
    int A;
    static int B;
  public:
    N(int a)
    { A=a;
      B+=a;
    }
    static void f1(N m);
};
void N::f1(N m)
{ cout<<"A="<<m.A<<endl;
```

```
    cout<<"B="<<B<<endl;
 }
 int N::B=0;
 int main()
 { N P(5),Q(9);
   N::f1(P);
   N::f1(Q);
   return 0;
 }
```

【解】 本程序的运行结果如下：

```
A=5
B=14
A=9
B=14
```

【3.25】 写出下面程序的运行结果。

```
#include<iostream>
using namespace std;
class M{
    int x,y;
  public:
  M()
  { x=y=0;
  }
  M(int i,int j)
  { x=i;
    y=j;
  }
  void copy( M* m);
  void setxy(int i,int j)
  { x=i;
    y=j;
  }
  void print()
  { cout<<x<<","<<y<<endl;
  }
};
void M::copy(M* m)
{ x=m->x;
  y=m->y;
}
void fun(M m1,M* m2)
{ m1.setxy(12,15);
  m2->setxy(22,25);
```

```
}
int main()
{ M p(5,7),q;
  q.copy(&p);
  fun(p,&q);
  p.print();
  q.print();
  return 0;
}
```

【解】 本程序的运行结果如下：

```
5,7
22,25
```

【3.26】 写出下面程序的运行结果。

```
#include<iostream>
using namespace std;
class M{
   int A;
   static int B;
 public:
   M(int a)
   { A=a;
     B+=a;
       cout<<"Constructing "<<endl;
   }
   static void f1(M m);
   ~M()
   {cout<<"Destructing \n";
   }
};
void M::f1(M m)
{ cout<<"A="<<m.A<<endl;
  cout<<"B="<<B<<endl;
}
int M::B=0;
int main()
{ M P(5),Q(10);
  M::f1(P);
  M::f1(Q);
  return 0;
}
```

【解】 本程序的运行结果如下：

```
Constructing
Constructing
```

```
A=5
B=15
Destructing
A=10
B=15
Destructing
Destructing
Destructing
```

【3.27】 指出下列程序中的错误,并说明为什么。

```
#include<iostream>
using namespace std;
class Student{
  public:
    void printStu();
  private:
    char name[10];
    int age;
    float aver;
};
int main()
{ Student p1,p2,p3;
  p1.age=30;
   ⋮
  return 0;
}
```

【解】 语句“p1.age=30;”编译时出现错误。因为age是私有数据成员,不能直接访问。

【3.28】 指出下列程序中的错误,并说明为什么。

```
#include<iostream>
using namespace std;
class Student{
  int sno;
  int age;
   void printStu();
   void setSno(int d);
};
void printStu()
{ cout<<"\nSno is"<<sno<<",";
  cout<<"age is"<<age<<"."<<endl;
}
void setSno(int s)
{ sno=s;
}
void setAge(int a)
```

```
{ age=a;
}
int main()
{ Student lin;
  lin.setSno(20021);
  lin.setAge(20);
  lin.printStu();
}
```

【解】 第1个错误：printStu()和 setSno 两个成员函数没有用 public 定义,不允许外部函数对对象进行操作。

第2个错误：成员函数在类外定义,应加上类名“Student::”。

第3个错误：setAge 应在类中说明,并且在类外定义时,应加上类名“Student::”。

【3.29】 指出下列程序中的错误,并说明为什么。

```
#include<iostream>
using namespace std;
class Point{
public:
  int x,y;
private:
  Point()
  { x=1; y=2;
  }
};
int main()
{ Point cpoint;
  cpoint.x=2;
  return 0;
}
```

【解】 构造函数 Point 是私有的,语句“Point cpoint;”执行时出现错误。错误的原因是：类 Point 的构造函数是私有函数,创建对象 cpoint 时不能调用它。

【3.30】 下面是一个计算器类的定义,请完成该类成员函数的实现。

```
class counter{
  public:
    counter(int number);
    void increment();                          //给原值加 1
    void decrement();                          //给原值减 1
    int getvalue();                            //取得计数器值
    int print();                               //显示计数
  private:
    int value;
};
```

【解】 成员函数的程序如下：

```
class counter{
  public:
    counter(int number);
    void increment();                    //给原值加 1
    void decrement();                    //给原值减 1
    int getvalue();                      //取得计数器值
    int print();                         //显示计数
  private:
    int value;
};
counter::counter(int number)
{ value=number;
}
void counter::increment()
{ value++;
}
void counter::decrement()
{ value--;
}
int counter::getvalue()
{ return value;
}
int counter::print()
{ cout<<"value is "<<value<<endl;
  return 0;
}
```

【3.31】 根据注释语句的提示，实现类 Date 的成员函数。

```
#include<iostream>
using namespace std;
class Date {
  public:
    void printDate();                    //显示日期
    void setDay(int d);                  //设置日的值
    void setMonth(int m);                //设置月的值
    void setYear(int y);                 //设置年的值
  private:
    int day,month,year;
};
int main()
{ Date testDay;
  testDay.setDay(5);
  testDay.setMonth(10);
```

```
  testDay.setYear(2003);
  testDay.printDate();
  return 0;
}
```

【解】 成员函数的程序如下：

```
void Date::printDate()
{ cout<<"\nDate is"<<day<<".";
  cout<<month<<"."<<year<<endl;
}
void Date::setDay(int d)
{ day=d;
}
void Date::setMonth(int m)
{ month=m;
}
void Date::setYear(int y)
{ year=y;
}
```

【3.32】 建立类 cylinder,cylinder 的构造函数被传递了两个 double 值,分别表示圆柱体的半径和高度。用类 cylinder 计算圆柱体的体积,并存储在一个 double 变量中。在类 cylinder 中包含一个成员函数 vol,用来显示每个 cylinder 对象的体积。

【解】 实现本题功能的程序如下：

```
#include<iostream>
using namespace std;
class cylinder{
  public:
    cylinder(double a,double b);
    void vol();
  private:
    double r,h;
    double volume;
};
cylinder::cylinder(double a,double b)
{ r=a; h=b;
  volume=3.141592*r*r*h;
}
void cylinder::vol()
{ cout<<"volume is:"<<volume<<"\n";
}
int main()
{ cylinder x(2.2,8.09);
  x.vol();
  return 0;
}
```

本程序的运行结果如下：

```
volume is:123.011
```

【3.33】 构建一个类 book，其中含有两个私有数据成员 qu 和 price，将 qu 初始化为 1～5，将 price初始化为 qu 的 10 倍，建立一个有 5 个元素的数组对象。显示每个对象数组元素的 qu * price 值。

【解】 实现本题功能的程序如下：

```
#include<iostream>
using namespace std;
class book{
  public:
    book(int a,int b)
    { qu=a;
      price=b;
    }
    void show_money()
    { cout<<qu * price<<"\n";
    }
  private:
    int qu,price;
};
int main()
{ book ob[5]={
    book(1,10),
    book(2,20),
    book(3,30),
    book(4,40),
    book(5,50)
  };
  for(int i=0; i<5; i++)
    ob[i].show_money();
  return 0;
}
```

本程序的运行结果如下：

```
10
40
90
160
250
```

【3.34】 修改习题 3.33，通过对象指针访问对象数组，使程序以相反的顺序显示每个对象数组元素的 qu * price 值。

【解】 实现本题功能的程序如下：

```
#include<iostream>
using namespace std;
class book{
  public:
    book(int a, int b)
    { qu=a;
      price=b;
    }
    void show_money()
    { cout<<qu*price<<"\n";}
  private:
    int qu,price;
};
int main()
{ book ob[5]={
  book(1,10),
  book(2,20),
  book(3,30),
  book(4,40),
  book(5,50)
  };
  book*p;
  p=&ob[4];
  for(int i=0;i<5;i++)
  { p->show_money();p--;
  }
  return 0;
}
```

本程序的运行结果如下：

```
250
160
90
40
10
```

【3.35】 构建一个类Stock，含字符数组stockcode[]及整型数据成员quan、双精度型数据成员price。构造函数含3个参数：字符数组na[]及q、p。当定义Stock的类对象时，将对象的第1个字符串参数赋给数据成员stockcode，第2和第3个参数分别赋给quan、price。未设置第2和第3个参数时，quan的值为1000，price的值为8.98。成员函数print没有形参，需使用this指针，显示对象数据成员的内容。假设类Stock第1个对象的3个参数分别为："600001"、3000和5.67，第2个对象的第1个数据成员的值是"600001"，第2和第3个数据成员的值取默认值。要求编写程序分别显示这两个对象数据成员的值。

【解】 实现本题功能的程序如下：

```
# include<iostream>
# include<string>
using namespace std;
class Stock{
  public:
    Stock()
    {
      stockcode="";
    }
    Stock(string code, int q=1000, double p=8.98)
    { stockcode=code;
      quan=q;
      price=p;
    }
    void print(void)
    { cout<<this->stockcode;
      cout<<" "<<this->quan<<" "<<this->price<<endl;
    }
  private:
    string stockcode;
    int quan;
    double price;
};
int main()
{  Stock st1("600001",3000,5.67);
   st1.print();
   Stock st2("600002");
   st2.print();
   return 0;
}
```

本程序的运行结果如下：

```
600001   3000   5.67
600002   1000   8.98
```

【3.36】 编写一个程序，已有若干学生的数据，包括学号、姓名、成绩，要求输出这些学生的数据并计算出学生人数和平均成绩(要求将学生人数和总成绩用静态数据成员表示)。

【解】 实现本题功能的程序如下：

```
#include<iostream>
#include<string>
using namespace std;
class Student{
  public:
```

```
    Student(int n,string na,double d)
    { no=n;
      deg=d;
      name=na;
      sum+=d;
      num++;
    }
    static double avg()
    { return sum/num;
    }
    static int total()
    { return num;
    }
    void disp()
    {
      cout<<no<<"    "<<name<<"    "<<deg<<endl;
    }
  private:
    int no;                                          //学号
    string name;                                     //姓名
    double deg;                                      //成绩
    static double sum;                               //总成绩
    static int num;                                  //学生人数
};
double Student::sum=0;
int Student::num=0;
int main()
{ Student  s1(1001,"Zhou",97),s2(1002,"Zhan",65),s3(1003,"Chen",88);
  cout<<"学号     姓名     成绩\n";
  s1.disp();
  s2.disp();
  s3.disp();
  cout<<"学生人数="<<Student::total()<<endl;
  cout<<"平均成绩="<<Student::avg();
  return 0;
}
```

本程序的运行结果如下：

```
学号    姓名    成绩
1001    Zhou    97
1002    Zhan    65
1003    Chen    88
学生人数=3
平均成绩=83.3333
```

第4章 派生类与继承

【4.1】 有哪几种继承方式？每种方式的派生类对基类成员的继承性如何？

【解】 类的继承方式有public(公有继承)、protected(保护继承)和private(私有继承)三种,不同的继承方式导致不同访问属性的基类成员在派生类中的访问属性也有所不同。表4.1列出了基类成员在派生类中的访问属性。

表4.1 基类成员在派生类中的访问属性

基类中的成员	在公有派生类中的访问属性	在私有派生类中的访问属性	在保护派生类中的访问属性
私有成员	不可直接访问	不可直接访问	不可直接访问
公有成员	公有	私有	保护
保护成员	保护	私有	保护

从表4.1中可以归纳出以下几点：

(1) 基类中的私有成员。无论哪种继承方式,基类中的私有成员不允许派生类继承,即在派生类中是不可直接访问的。

(2) 基类中的公有成员。当类的继承方式为公有继承时,基类中的所有公有成员在派生类中仍以公有成员的身份出现,在派生类内部和派生类外部都可以访问这些成员;当类的继承方式为私有继承时,基类中的所有公有成员在派生类中都以私有成员的身份出现,在派生类内可以访问这些成员,但派生类外部不能访问它们;当类的继承方式为保护继承时,基类中的所有公有成员在派生类中都以保护成员的身份出现,在派生类内可以访问这些成员,但派生类外部不能访问它们,而在下一层派生类内可以访问它们。

(3) 基类中的保护成员。当类的继承方式为公有继承时,基类中的所有保护成员在派生类中仍以保护成员的身份出现,在派生类内可以访问这些成员,但派生类外部不能访问它们,而在下一层派生类内可以访问它们;当类的继承方式为私有继承时,基类中的所有保护成员在派生类中都以私有成员的身份出现,在派生类内可以访问这些成员,但派生类外部不能访问它们;当类的继承方式为保护继承时,基类中的所有保护成员在派生类中仍以保护成员的身份出现,在派生类内可以访问这些成员,但派生类外部不能访问它们,而在下一层派生类内可以访问它们。

【4.2】 派生类能否直接访问基类的私有成员？若否,应如何实现？

【解】 派生类不能直接访问基类的私有成员,但是可以通过基类提供的公有成员函数间接地访问基类的私有成员。

【4.3】 保护成员有哪些特性？保护成员以公有方式或私有方式被继承后的访问特性如何？

【解】 当类的继承方式为公有继承时，基类中的所有保护成员在派生类中仍以保护成员的身份出现，在派生类内可以访问这些成员，但派生类外部不能访问它们，而在下一层派生类内可以访问它们。

当类的继承方式为私有继承时，基类中的所有保护成员在派生类中都以私有成员的身份出现，在派生类内可以访问这些成员，但派生类外部不能访问它们。

【4.4】 派生类构造函数和析构函数的执行顺序是怎样的？

【解】 通常情况下，当创建派生类对象时，首先执行基类的构造函数，随后再执行派生类的构造函数；当撤销派生类对象时，则先执行派生类的析构函数，随后再执行基类的析构函数。

【4.5】 派生类构造函数和析构函数的构造规则是怎样的？

【解】 当基类的构造函数没有参数，或没有显式定义构造函数时，派生类可以不向基类传递参数，甚至可以不定义构造函数。

当基类含有带参数的构造函数时，派生类必须定义构造函数，以提供把参数传递给基类构造函数的途径。

在C++中，派生类构造函数的一般格式为：

```
派生类名(参数总表)：基类名(参数表)
{
    派生类新增数据成员的初始化语句
}
```

其中基类构造函数的参数，通常来源于派生类构造函数的参数总表，也可以用常数值。

在派生类中可以根据需要定义自己的析构函数，用来对派生类中增加的成员进行清理工作。基类的清理工作仍然由基类的析构函数负责。由于析构函数是不带参数的，在派生类中是否要自定义析构函数与它所属基类的析构函数无关。在执行派生类的析构函数时，系统会自动调用基类的析构函数，对基类的对象进行清理。

【4.6】 什么是多继承？多继承时，构造函数和析构函数执行顺序是怎样的？

【解】 当一个派生类具有多个基类时，这种派生方法称为多继承。

多重继承的构造函数的执行顺序与单继承构造函数的执行顺序相同，也是遵循先执行基类的构造函数，再执行对象成员的构造函数，最后执行派生类构造函数体的原则。处于同一层次的各个基类构造函数的执行顺序，取决于声明派生类时所指定的各个基类的顺序，与派生类构造函数中所定义的成员初始化列表的各项顺序没有关系。析构函数的执行顺序则刚好与构造函数的执行顺序相反。

【4.7】 在类的派生中为何要引入虚基类？虚基类构造函数的调用顺序是如何规定的？

【解】 当引用派生类的成员时，首先在派生类自身的作用域中寻找这个成员，如果没有找到，则到它的基类中寻找。如果一个派生类是从多个基类派生出来的，而这些基类又有一个共同的基类，则在这个派生类中访问这个共同的基类中的成员时，可能会产生二义性。为了解决这种二义性，C++引入了虚基类的概念。

虚基类的初始化与一般的多继承的初始化在语法上是一样的，但构造函数的调用顺序不同。在使用虚基类机制时应该注意以下几点：

(1) 如果在虚基类中定义有带形参的构造函数，并且没有定义默认形式的构造函数，则整个继承结构中，所有直接或间接的派生类都必须在构造函数的成员初始化表中列出对虚基类构造函数的调用，以初始化在虚基类中定义的数据成员。

(2) 建立一个对象时，如果这个对象中含有从虚基类继承来的成员，则虚基类的成员是由最远派生类的构造函数通过调用虚基类的构造函数进行初始化的。该派生类的其他基类对虚基类构造函数的调用都自动被忽略。

(3) 若同一层次中同时包含虚基类和非虚基类，应先调用虚基类的构造函数，再调用非虚基类的构造函数，最后调用派生类构造函数。

(4) 对于多个虚基类，构造函数的执行顺序仍然是先左后右，自上而下。

(5) 对于非虚基类，构造函数的执行顺序仍是先左后右，自上而下。

(6) 若虚基类由非虚基类派生而来，则仍然先调用基类构造函数，再调用派生类的构造函数。

【4.8】 使用派生类的主要原因是(　　)。

A. 提高代码的可重用性　　B. 提高程序的运行效率

C. 加强类的封装性　　D. 实现数据的隐藏

【解】 A

说明：通过派生类的使用，可以通过增加少量代码的方法得到新的类，从而解决了代码的重用问题。

【4.9】 假设已经定义好了一个类 student，现在要定义类 derived，它是从 student 私有派生的，定义类 derived 的正确写法是(　　)。

A. clase derived::student private{…};　　B. clase derived::student public{…};

C. clase derived::private student{…};　　D. clase derived::public student{…};

【解】 C

【4.10】 在多继承构造函数定义中，几个基类构造函数用(　　)分隔。

A. :　　B. ;　　C. ,　　D. ::

【解】 C

【4.11】 设置虚基类的目的是(　　)。

A. 简化程序　　B. 消除二义性　　C. 提高运行效率　　D. 减少目标代码

【解】 B

【4.12】 写出下面程序的运行结果。

```
#include<iostream>
using namespace std;
class B1{
  public:
    B1(int i)
    { b1=i;
      cout<<"Constructor B1."<<endl;
    }
    void Print()
```

```
    { cout<<b1<<endl;
    }
  private:
    int b1;
};
class B2{
  public:
    B2(int i)
    { b2=i;
      cout<<"Constructor B2. "<<endl;
    }
    void Print()
    { cout<<b2<<endl;
    }
  private:
    int b2;
};
class A:public B2,public B1{
  public:
    A(int i,int j,int l);
    void Print();
  private:
    int a;
};
A::A(int i,int j,int l):B1(i),B2(j)
{ a=l;
  cout<<"Constructor A. "<<endl;
}
void A::Print()
{  B1::Print();
   B2::Print(); cout<<a<<endl;
}
int main()
{ A aa(3,2,1);
  aa.Print();
  return 0;
}
```

【解】 本程序的运行结果如下：

```
Constructor B2.
Constructor B1.
Constructor A.
3
2
1
```

【4.13】 写出下面程序的运行结果。

```
#include<iostream>
using namespace std;
class Main{
  protected:
  char * mainfood;
  public:
    Main(char * name)
    { mainfood=name;
    }
};
class Sub{
  protected:
    char * subfood;
  public:
    Sub(char * name)
    { subfood=name;
    }
};
class Menu:public Main,public Sub{
  public:
    Menu(char * m, char * s):Main(m),Sub(s)
    { }
    void show();
};
void Menu::show()
{ cout<<"主食="<<mainfood<<endl;
  cout<<"副食="<<subfood<<endl;
}
int main()
{ Menu m("bread","steak");
  m.show();
  return 0;
}
```

【解】 本程序的运行结果如下：

```
主食=bread
副食=steak
```

【4.14】 写出下面程序的运行结果。

```
#include<iostream>
using namespace std;
class A{
  private:
```

```
    int a;
  public:
  A()
  { a=0; }
  A(int i)
  { a=i;}
  void Print()
  { cout<<a<<",";
  }
};
class B:public A{
  private:
    int b1,b2;
  public:
    B()
    { b1=0;  b2=0;
    }
    B(int i)
    { b1=i; b2=0;
    }
    B(int i,int j,int k):A(i),b1(j),b2(k)
    { }
    void Print()
    { A::Print();
      cout<<b1<<", "<<b2<<endl;
    }
};
int main()
{ B ob1,ob2(1),ob3(3,6,9);
  ob1.Print();
  ob2.Print();
  ob3.Print();
  return 0;
}
```

【解】 本程序的运行结果如下：

```
0, 0, 0
0, 1, 0
3, 6, 9
```

【4.15】 写出下面程序的运行结果。

```
#include<iostream>
using namespace std;
class B1{
    int b1;
```

```
public:
    B1(int i)
    { b1=i;
      cout<<"constructor B1."<<i<<endl;
    }
    void print()
    { cout<<b1<<endl;
    }
};
class B2{
    int b2;
  public:
    B2(int i)
    { b2=i;
      cout<<"constructor B2."<<i<<endl;
    }
    void print()
    { cout<<b2<<endl;
    }
};
class B3{
    int b3;
  public:
    B3(int i)
    { b3=i;
      cout<<"constructor B3."<<i<<endl;
    }
    int getb3()
    { return b3;
    }
};
class A :public B2,public B1{
   int a; B3 bb;
  public:
    A(int i,int j,int k,int l):B1(i),B2(j),bb(k)
    { a=l;
      cout<<"constructor A."<<l<<endl;
    }
    void print()
    { B1::print();
      B2::print();
      cout<<a<<","<<bb.getb3()<<endl;
    }
};
int main()
```

```
{ A aa(1,2,3,4);
  aa.print();
  return 0;
}
```

【解】 本程序的运行结果如下：

```
constructor B2.2
constructor B1.1
constructor B3.3
constructor A.4
1
2
4,3
```

【4.16】 写出下面程序的运行结果。

```
#include<iostream>
using namespace std;
class A{
  public:
    A(int i,int j)
    { x=i;
      y=j;
    }
    int sum()
    { return x+y;
    }
  private:
    int x,y;
};
class B:public A{
  public:
    B(int i,int j,int k,int l);
    int sum()
    { return w+h;
    }
  private:
    int w,h;
};
B::B(int i,int j,int k,int l):A(i,j)
{ w=k;
  h=l;
}
void f(A& s)
{ cout<<s.sum()<<endl;
}
```

```
int main()
{ B ob(1,3,5,7);
  f(ob);
  return 0;
}
```

【解】 本程序的运行结果如下：

```
4
```

【4.17】 写出下面程序的运行结果。

```
#include<iostream>
using namespace std;
class A{
    int a,b;
  public:
    A( int i,int j)
    { a=i; b=j;
    }
    void Move( int x,int y)
    { a+=x; b+=y;
    }
    void Show()
    { cout<<"("<<a<<","<<b<<")"<<endl;
    }
};
class B:private A{
    int x,y;
  public:
    B( int i,int j,int k,int l):A(i,j)
    { x=k;  y=l;
    }
    void Show()
    { cout<<x<<","<<y<<endl;
    }
    void fun()
    { Move(3,5);
    }
    void f1()
    { A::Show();
    }
};
int main()
{ A e(1,2);
  e.Show();
  B d(3,4,5,6);
```

```
  d.fun();
  d.Show();
  d.f1();
  return 0;
}
```

【解】 本程序的运行结果如下：

```
(1,2)
5,6
(6,9)
```

【4.18】 写出下面程序的运行结果。

```
#include<iostream>
using namespace std;
class base1{
  public:
    base1()
    { cout<<"class base1"<<endl;
    }
};
class base2{
  public:
    base2()
    { cout<<"class base2"<<endl;
    }
};
class level1:public base2,virtual public base1{
  public:
    level1()
    { cout<<"class level1"<<endl;
    }
};
class level2:public base2,virtual public base1{
  public:
    level2()
    { cout<<"class level2"<<endl;
    }
};
class toplevel:public level1,virtual public level2{
  public:
    toplevel()
    { cout<<"class toplevel"<<endl;
    }
};
int main()
```

```
{ toplevel obj;
  return 0;
}
```

【解】 本程序的运行结果如下：

```
class base1
class base2
class level2
class base2
class level1
class toplevel
```

【4.19】 下面的程序可以输出 ASCII 字符与所对应的数字的对照表。修改下列程序，使其可以输出字母 a 到 z 与所对应的数字的对照表。

```
#include<iostream>
using namespace std;
#include <iomanip>
class table{
  public:
    table(int p)
    { i=p;
    }
    void ascii(void);
  protected :
    int i;
};
void table::ascii(void)
{ int k=1;
  for(;i<127;i++)
  { cout<<setw(4)<<i<<"  "<<(char)i;
    if((k)%12==0)
      cout<<"\n";
      k++;
  }
  cout<<"\n";
}
class der_table:public table {
  public:
    der_table(int p,char * m):table(p){c=m;}
    void print(void);
  protected:
    char * c;
};
void der_table::print(void)
{ cout<<c<<"\n";
```

```
  table::ascii();
}
int main()
{ der_table ob1(32,"ASCII value---char");
  ob1.print();
  return 0;
}
```

提示：修改后的主程序为：

```
int main()
{ der_table ob('a','z',"ASCII value---char");
  ob.print();
  return 0;
}
```

【解】 修改后的程序如下：

```
#include<iostream>
using namespace std;
#include <iomanip>
class table{
  protected:
    int i;
    int j;
  public:
    table(int p,int q)
    { i=p;
      j=q;
    }
    void ascii(void);
};
void table::ascii(void)
{ int k=1;
  for(;i<=j;i++)
  { cout<<setw(4)<<i<<"  "<<(char)i;                //"setw(4)"表示数字域宽为 4
    if((k)%12==0)
      cout<<"\n";
    k++;
  }
  cout<<"\n";
}
class der_table:public table{
  protected:
    char * c;
  public:
    der_table(int p,int q,char * m):table(p,q)
```

```
    { c=m;
    }
    void print(void);
};
void der_table::print( )
{ cout<<c<<"\n";
  table::ascii();
}
int main()
{ der_table ob('a','z',"ASCII value---char");
  ob.print();
  return 0;
}
```

本程序的运行结果如下：

```
ASCII value---char
97 a   98 b   99 c 100 d 101 e 102 f 103 g 104 h 105 i 106 j 107 k 108 l
109 m 110 n 111 o 112 p 113 q 114 r 115 s 116 t 117 u 118 v 119 w 120 x
121 y 122 z
```

【4.20】 给出下面的基类：

```
class area_cl {
  protected:
    double height;
    double width;
 public:
   area_cl(double r,double s)
  {   height=r;width=s;}
  virtual double area()=0;
};
```

要求：

(1) 建立基类 area_cl 的两个派生类 rectangle 与 isosceles，让每一个派生类都包含一个函数 area()，分别用来返回矩形与三角形的面积。用构造函数对 height 与 width 进行初始化。

(2) 写出主程序，用来求 height 与 width 分别为 10.0 与 5.0 的矩形面积，以及求 height 与 width 分别为 4.0 与 6.0 的三角形面积。

(3) 要求通过使用基类指针访问虚函数的方法(即运行时的多态性)分别求出矩形和三角形面积。

【解】 实现本题功能的程序如下：

```
#include<iostream>
using namespace std;
class area_cl{
  protected:
```

```
    double height;
    double width;
  public:
    area_cl(double r,double s)
    { height=r;
      width=s;
    }
    virtual double area()=0;
};
class rectangle:public area_cl{
  public:
    rectangle(double r,double s):area_cl(r,s)
    {  };
    double area()
    { return height * width;
    }
};
class isosceles:public area_cl{
  public:
    isosceles(double r,double s):area_cl(r,s)
    { };
    double area(){return height * width/2;}
};
int main()
{ area_cl * p;
  rectangle b(10.0,5.0);
  isosceles i(4.0,6.0);
  p=&b;
  cout<<"the rectangle's area is"<<p->area()<<endl;
  p=&i;
  cout<<"the isosceles's area is "<<p->area()<<endl;
  return 0;
}
```

本程序的运行结果如下：

```
the rectangle's area is 50
the isosceles's area is 12
```

【4.21】 已有类 Time 和 Date，要求设计一个派生类 Birthtime，它继承类 Time 和 Date，并且增加一个数据成员 Childname 用于表示小孩的名字，同时设计主程序显示一个小孩的出生时间和名字。

```
class Time {
  public:
    Time(int h,int m,int s)
    { hours=h;
```

```
        minutes=m;
        seconds=s;
      }
      void display()
      { cout<<"出生时间:"<<hours<<"时"<<minutes<<"分"<<seconds<<"秒"<<endl;
      }
  protected:
      int hours,minutes,seconds;
};
class Date {
  public:
      Date(int m,int d,int y)
      { month=m;
        day=d;
        year=y;
      }
      void display()
      { cout<<"出生年月:"<<year<<"年"<<month<<"月"<<day<<"日"<<endl;
      }
  protected:
      int month,day,year;
};
```

【解】 修改后的程序如下：

```
#include<iostream>
using namespace std;
class Time {
  public:
      Time(int h,int m,int s)
      { hours=h;
        minutes=m;
        seconds=s;
      }
      void display()
      { cout<<"出生时间:"<<hours<<"时"<<minutes<<"分"<<seconds<<"秒"<<endl;
      }
  protected:
      int hours,minutes,seconds;
};
class Date {
  public:
      Date(int m,int d,int y)
      { month=m;
        day=d;
        year=y;
```

```
    }
    void display()
    { cout<<"出生年月:"<<year<<"年"<<month<<"月"<<day<<"日"<<endl;
    }
  protected:
    int month,day,year;
};
class Birthtime:public Time,public Date {
  public:
    Birthtime(char * Cn,int yy,int mm,int dd,int hh,int mint,int ss)
        :Time(hh,mint,ss),Date(mm,dd,yy)
    { strcpy(Childname,Cn); }
    void display()
    { cout<<"姓      名:"<<Childname<<endl;
      Date::display();
       Time::display();
    }
  protected:
    char Childname[20];
};
int main()
{ Birthtime yx("王小明",2001,12,17,18,20,30);
  yx.display();
  return 0;
}
```

本程序的运行结果如下：

姓　　名：王小明
出生年月：2001 年 12 月 17 日
出生时间：18 时 20 分 30 秒

【4.22】 编写一个学生和教师数据输入和显示程序，学生数据有编号、姓名、班号和成绩，教师数据有编号、姓名、职称和部门。要求将编号、姓名输入和显示设计成一个类 person，并作为学生数据操作类 student 和教师数据操作类 teacher 的基类。

【解】 实现本题功能的程序如下：

```
#include<iostream>
using namespace std;
class person {
  public:
    void input()
    { cout<<"编号:"; cin>>no;
      cout<<"姓名:"; cin>>name;
    }
    void disp()
    { cout<<"编号:"<<no<<endl;
```

```
      cout<<"姓名:"<<name<<endl;
    }
  private:
    int no;
    char name[10];
};
class student:public person{
  public:
    void input()
    { person::input();
      cout<<"班号:";
      cin>>depart;
      cout<<"成绩:";
      cin>>degree;
    }
    void disp()
    { person::disp();
      cout<<"班号:"<<depart<<endl;
      cout<<"成绩:"<<degree<<endl;
    }
  private:
      char depart[6];
      int degree;
};
class teacher:public person{
  private:
    char prof[10];
    char depart[10];
  public:
    void input()
    { person::input();
      cout<<"职称:";
      cin>>prof;
      cout<<"部门:";
      cin>>depart;
    }
    void disp()
    { person::disp();
      cout<<"职称:"<<prof<<endl;
      cout<<"部门:"<<depart<<endl;
    }
};
int main()
{ student s1;
  teacher t1;
```

```
    cout<<"输入一个学生数据:\n";
    s1.input();
    cout<<"输入一个教师数据:\n";
    t1.input();
    cout<<"显示一个学生数据:\n";
    s1.disp();
    cout<<"显示一个教师数据:\n";
    t1.disp();
    return 0;
}
```

本程序的一次运行结果如下:

```
输入一个学生数据:
编号: 100↙
姓名: 王大力↙
班号: 90101↙
成绩: 95↙
输入一个教师数据:
编号: 99822↙
姓名: 孙国强↙
职称: 副教授↙
部门: 信息系↙
显示一个学生数据:
编号: 100
姓名: 王大力
班号: 90101
成绩: 95
显示一个教师数据:
编号: 99822
姓名: 孙国强
职称: 副教授
部门: 信息系
```

(说明:其中有下划线的数据表示程序运行后,从键盘直接输入;其他内容由屏幕直接显示出来。)

第5章　多　态　性

【5.1】　什么是静态联编？什么是动态联编？

【解】　在C++ 中，多态性的实现和联编（也叫绑定）这一概念有关。一个源程序经过编译、连接，成为可执行文件的过程是把可执行代码联编（或称装配）在一起的过程。其中在运行之前就完成的联编称为静态联编，又叫前期联编；而在程序运行时才完成的联编叫动态联编，也称后期联编。

静态联编是指系统在编译时就决定如何实现某一动作。静态联编要求在程序编译时就知道调用函数的全部信息，因此，这种联编类型的函数调用速度很快。效率高是静态联编的主要优点。

动态联编是指系统在运行时动态实现某一动作。采用这种联编方式，一直要到程序运行时才能确定调用哪个函数。动态联编的主要优点是：提供了更好的灵活性、问题抽象性和程序易维护性。

【5.2】　编译时的多态性与运行时的多态性有什么区别？它们的实现方法有什么不同？

【解】　静态联编支持的多态性称为编译时多态性，也称静态多态性。在C++ 中，编译时多态性是通过函数重载（包括运算符重载）和模板实现的。利用函数重载机制，在调用同名的函数时，编译系统可根据实参的具体情况确立所要调用的是哪个函数。

动态联编所支持的多态性称为运行时多态性，也称动态多态性。在C++ 中，运行时多态性是通过虚函数来实现的。

【5.3】　简述运算符重载的规则。

【解】　C++ 语言对运算符重载制定了以下一些规则：

(1) C++ 中绝大部分的运算符允许重载，不能重载的运算符只有少数几个。

(2) C++ 语言中只能对已有的C++ 运算符进行重载，不允许用户自己定义新的运算符。

(3) 运算符重载是针对新类型数据的实际需要，对原有运算符进行适当的改造完成的。一般来讲，重载的功能应当与原有的功能相类似（如用“+”实现加法，用“-”实现减法）。

(4) 重载不能改变运算符的操作对象（即操作数）的个数。

(5) 重载不能改变运算符原有的优先级。

(6) 重载不能改变运算符原有的结合特性。

(7) 运算符重载函数的参数至少应有一个是类对象（或类对象的引用）。

(8) 运算符重载函数可以是普通函数，也可以是类的成员函数，还可以是类的友元函数。

(9) 一般而言，用于类对象的运算符必须重载，但是赋值运算符“=”例外，不必用户进行重载。但在某些情况下，例如数据成员中包含指向动态分配内存的指针成员时，使用系统提供的对象赋值运算符函数就不能满足程序的要求,在赋值时可能出现错误。在这种情况下,就需要用户自己编写赋值运算符重载函数。

【5.4】 友元运算符重载函数和成员运算符重载函数有什么不同?

【解】 友元运算符重载函数和成员运算符重载函数的不同有以下几点:

(1) 对双目运算符而言,成员运算符重载函数参数表中含有一个参数,而友元运算符重载函数参数表中含有两个参数;对单目运算符而言,成员运算符重载函数参数表中没有参数,而友元运算符重载函数参数表中含有一个参数。

(2) 双目运算符一般可以被重载为友元运算符重载函数或成员运算符重载函数,但有一些情况,必须使用友元运算符重载函数,例如一个常数与一个对象相加。有的运算符(如"="等)只能使用成员运算符重载函数。

(3) 成员运算符函数和友元运算符函数都可以用习惯方式调用,也可以用它们专用的方式调用,如表 5.1 所示。

表 5.1 运算符函数调用形式

习惯调用形式	友元运算符重载函数调用形式	成员运算符重载函数调用形式
a+b	operator+(a,b)	a.operator+(b)
-a	operator-(a)	a.operator-()
a++	operator++(a,0)	a.operator++(0)

(4) C++ 的大部分运算符既可说明为成员运算符函数,又可说明为友元运算符函数。究竟选择哪一种运算符函数好一些,没有定论,这主要取决于实际情况和程序员的习惯。

【5.5】 什么是虚函数?虚函数与函数重载有哪些相同点与不同点?

【解】 虚函数就是在基类中被关键字 virtual 说明,并在派生类中重新定义的函数。虚函数的作用是允许在派生类中重新定义与基类同名的函数,并且可以通过基类指针或引用来访问基类和派生类中的同名函数。

在一个派生类中重新定义基类的虚函数是函数重载的另一种形式,但它不同于一般的函数重载。当普通的函数重载时,其函数的参数或参数类型必须有所不同,函数的返回类型也可以不同。但是,当重载一个虚函数时,也就是说在派生类中重新定义虚函数时,要求函数名、返回类型、参数个数、参数的类型和顺序与基类中的虚函数原型完全相同。如果仅仅返回类型不同,其余均相同,系统会给出错误信息;若仅仅函数名相同,而参数的个数、类型或顺序不同,系统将它作为普通的函数重载,这时虚函数的特性将丢失。

【5.6】 什么是纯虚函数?什么是抽象类?

【解】 纯虚函数是一个在基类中说明的虚函数,它在该基类中没有定义,但要求在它的派生类中定义自己的版本,或重新说明为纯虚函数。

声明纯虚函数的一般形式如下:

```
virtual 函数类型 函数名(参数表)=0;
```

纯虚函数的作用是在基类中为其派生类保留一个函数的名字,以便派生类根据需要对它进行重新定义。纯虚函数没有函数体,它最后面的"=0"并不表示函数的返回值为 0,而只起形式上的作用,告诉编译系统"这是纯虚函数"。纯虚函数不具备函数的功能,不能被调用。

如果一个类至少有一个纯虚函数,那么就称该类为抽象类。

【5.7】 有关运算符重载正确的描述是(　　)。

A. C++ 语言允许在重载运算符时改变运算符的操作个数

B. C++ 语言允许在重载运算符时改变运算符的优先级

C. C++ 语言允许在重载运算符时改变运算符的结合性

D. C++ 语言允许在重载运算符时改变运算符原来的功能

【解】 D

说明:C++ 语言允许在重载运算符时改变运算符原来的功能。例如将"++"符号重载时,可以定义为"--"的功能。但是,不提倡这样做,重载运算符最好仍保持原有的功能。

【5.8】 能用友元函数重载的运算符是(　　)。

A. +　　B. =　　C. []　　D. ->

【解】 A

说明:C++ 规定不能用友元函数重载"=""[]"和"->"。

【5.9】 关于虚函数,正确的描述是(　　)。

A. 构造函数不能是虚函数　　B. 析构函数不能是虚函数

C. 虚函数可以是友元函数　　D. 虚函数可以是静态成员函数

【解】 A

说明:C++ 规定构造函数不能是虚函数,而析构函数可以是虚函数。

【5.10】 派生类中虚函数原型的(　　)。

A. 函数类型可以与基类中虚函数的原型不同

B. 参数个数可以与基类中虚函数的原型不同

C. 参数类型可以与基类中虚函数的原型不同

D. 以上都不对

【解】 D

说明:C++ 规定虚函数在派生类中重新定义时,其函数原型,包括函数类型、函数名、参数个数、参数类型的顺序,都必须与基类中的原型完全相同。

【5.11】 如果在基类中将 show 声明为不带返回值的纯虚函数,正确的写法是(　　)。

A. virtual show()=0;　　B. virtual void show();

C. virtual void show()=0;　　D. void show()=0 virtual;

【解】 C

说明:"virtual show()=0;"表示是 show 是纯虚函数,但没指定不带返回值,所以是错误的;"virtual void show();"未表明 show 是纯虚函数,所以也是错误的;"void show()=0 virtual;"把 virtual 的位置写错了。正确的答案应该是"virtual void show()=0;"。

【5.12】 下列关于纯虚函数与抽象类的描述中,错误的是(　　)。

A. 纯虚函数是一种特殊的函数,它允许没有具体的实现

B. 抽象类是指具有纯虚函数的类

C. 一个基类的说明中有纯虚函数,该基类的派生类一定不再是抽象类

D. 抽象类只能作为基类来使用,其纯虚函数的实现由派生类给出

【解】 C

说明:如果在抽象类的派生类中没有重新说明纯虚函数,则该函数在派生类中仍然为纯虚函数,而这个派生类仍然还是一个抽象类。

【5.13】 下面的程序段中虚函数被重新定义的方法正确吗?为什么?

```
class base {
  public:
    virtual int f(int a)=0;
        ⋮
};
class derived:public base {
  public:
    int f(int a,int b)
    { return a*b;
    }
      ⋮
};
```

【解】 不正确,因为虚函数在派生类中重新定义时,其函数原型,包括函数类型、函数名、参数个数与参数类型的顺序,都必须与基类中的原型完全相同,而本程序段中虚函数在派生类中重新定义时,参数个数与基类中的原型不相同。

【5.14】 写出下列程序的运行结果。

```
#include<iostream>
using namespace std;
class A {
  public:
    A(int i):x(i)
    {  }
    A()
    { x=0;
    }
    friend A operator++(A a);
    friend A operator--(A &a);
    void print();
  private:
    int x;
};
A operator++(A a)
{ ++a.x;
  return a;
}
A operator --(A &a)
{ --a.x;
```

```
    return a;
}
void A::print()
{ cout<<x<<endl;
}
int main()
{ A a(7);
  ++a;
  a.print();
  --a;
  a.print();
  return 0;
}
```

【解】 本程序的运行结果如下：

```
7
6
```

说明：重载"++"运算符时，函数是通过传值的方法传递参数，函数体内对数据成员的改动无法传到函数体外。所以执行++a以后，a.x的值没有变化。

重载"--"运算符时采用引用参数传递操作数，所以执行--a以后，a.x的值被修改。

【5.15】 写出下列程序的运行结果。

```
#include<iostream>
using namespace std;
class Words{
  public:
    Words(char * s)
    { str=new char[strlen(s)+1];
      strcpy(str,s);
      len=strlen(s);
    }
    void disp();
    char operator[](int n);                  //定义下标运算符[]重载函数
  private:
    int len;
    char * str;
};
char Words::operator[](int n)
{ if(n<0||n>len-1)                           //数组的边界检查
  { cout<<"数组下标超界!\n";
    return ' ';
  }
  else
    return * (str+n);
}
```

```
void Words::disp()
{ cout<<str<<endl;
}
int main()
{ Words word("This is C++ book.");
  word.disp();
  cout<<"第 1 个字符:";
  cout<<word[0]<<endl;                    //word[0]被解释为 word.operator[](0)
  cout<<"第 16 个字符:";
  cout<<word[15]<<endl;
  cout<<"第 26 个字符:";
  cout<<word[25]<<endl;
  return 0;
}
```

【解】 本程序的运行结果如下：

```
This is C++  book.
第 1 个字符: T
第 16 个字符: k
第 26 个字符: 数组下标超界!
```

【5.16】 写出下列程序的运行结果。

```
#include<iostream>
using namespace std;
class Length {
  int meter;
 public:
   Length(int m)
  { meter=m;
   }
  operator double()
  { return(1.0*meter/1000);
  }
};
int main()
{ Length a(1500);
  double m=float(a);
  cout<<"m="<<m<<"千米"<<endl;
  return 0;
}
```

【解】 本程序的运行结果如下：

```
m=1.5 千米
```

【5.17】 编一个程序，用成员函数重载运算符"+"和"-"将两个二维数组相加和相减，

要求第 1 个二维数组的值由构造函数设置，另一个二维数组的值由键盘输入。

【解】 实现本题功能的程序如下：

```
#include<iostream>
using namespace std;
#include<iomanip>
const int row=2;
const int col=3;
class array {
  public:
    array();                                              //构造函数
    array(int a,int b,int c,int d,int e,int f);
    void get_array( );                                    //由键盘输入数组的值
    void display();                                       //显示数组的值
    array operator+ (array &X);                           //将两个数组相加
    array operator- (array &X);                           //将两个数组相减
  private:
    int var[row][col];
};
array::array()
{ for(int i=0; i<row; i++)
    for(int j=0;j<col; j++)
      var[i][j]=0;
}
array::array(int a,int b,int c,int d,int e,int f)        //由构造函数设置数组的值
  var[0][0]=a;
  var[0][1]=b;
  var[0][2]=c;
  var[1][0]=d;
  var[1][1]=e;
  var[1][2]=f;
}
void  array::get_array( )                                 //由键盘输入数组的值
{ cout<<"Please input 2 * 3 dimension data:"<<endl;
  for(int i=0; i<row; i++)
    for(int j=0;j<col; j++)
      cin>>var[i][j];
}
void  array::display()                                    //显示数组的值
{ for(int i=0; i<row;i++)
   { for(int j=0;j<col;j++)
       cout<<setw(5)<<var[i][j];
     cout<<endl;
  }
}
```

```
array  array::operator+ (array &X)                        //将两个数组相加
{ array temp;
   for(int i=0;i<row; i++)
     for(int j=0;j<col;j++)
       temp.var[i][j]=var[i][j]+X.var[i][j];
   return temp;
}
array array::operator- (array &X)                          //将两个数组相减
{ array temp;
  for(int i=0; i<row; i++)
    for(int j=0; j<col; j++)
        temp.var[i][j]=var[i][j]-X.var[i][j];
  return temp;
}
int main()
{ array X(11,22,33,44,55,66);
  array Y,Z;
  Y.get_array();
  cout<< "Display object X"<<endl;
  X.display();
  cout<< "Display object Y"<<endl;
  Y.display();
  Z=X+Y;
  cout<< "Display object Z=X+Y"<<endl;
  Z.display();
  Z=X-Y;
  cout<< "Display object Z=X-Y"<<endl;
  Z.display();
  return 0;
}
```

本程序的运行结果如下：

```
Please input 2 * 3 dimension data:
  1 2 3 4 5 6
Display object X
  11    22    33
  44    55    66
Display object Y
  1     2     3
  4     5     6
Display object Z=X+Y
  12    24    36
  48    60    72
Display object Z=X-Y
```

```
10   20   30
40   50   60
```

【5.18】 修改习题5.17,用友元函数重载运算符"+"和"-"将两个二维数组相加和相减。

【解】 实现本题功能的程序如下:

```
#include<iostream>
#include <iomanip>
using namespace std;
const int row=2; const int col=3;
class array
{ public:
    array();                                              //构造函数
    array(int a,int b,int c,int d,int e,int f);
    void get_array( );                                    //由键盘输入数组的值
    void display();                                       //显示数组的值
    friend array operator+ (array &X,array &Y);           //将两个数组相加
    friend array operator- (array &X,array &Y);           //将两个数组相减
  private:
    int var[row][col];
};
array::array()
{ for(int i=0; i<row; i++)
    for(int j=0;j<col; j++)
      var[i][j]=0;
}
array::array(int a,int b,int c,int d,int e,int f)
{                                                         //由构造函数设置数组的值
  var[0][0]=a; var[0][1]=b; var[0][2]=c;
  var[1][0]=d; var[1][1]=e; var[1][2]=f; }
  void  array::get_array( )                               //由键盘输入数组的值
  { cout<<"Please input 2*3 dimension data: "<<endl;
    for(int i=0; i<row; i++)
      for(int j=0;j<col; j++)
        cin>>var[i][j];
  }
  void  array::display()                                  //显示数组的值
  { for(int i=0; i<row;i++)
    { for(int j=0;j<col;j++)
        cout<<setw(5)<<var[i][j];
        cout<<endl;
    }
  }
array operator+ (array &X,array &Y)                       //将两个数组相加
{ array temp;
```

```
  for(int i=0;i<row; i++)
    for(int j=0;j<col;j++)
      temp.var[i][j]=Y.var[i][j]+X.var[i][j];
  return temp;
}
array operator- (array &X,array &Y)                                  //将两个数组相减
{ array temp;
  for(int i=0; i<row; i++)
    for(int j=0; j<col; j++)
      temp.var[i][j]=X.var[i][j]-Y.var[i][j];
  return temp ;
}
int main()
{ array X(11,22,33,44,55,66);
  array Y,Z;
  Y.get_array();
  cout<<"Display object X"<<endl;  X.display();
  cout<<"Display object Y"<<endl;  Y.display();
  Z=X+Y;
  cout<<"Display object Z=X+Y"<<endl; Z.display();
  Z=X-Y;
  cout<<"Display object Z=X-Y"<<endl; Z.display();
  return 0;
}
```

本程序的运行结果如下：

```
Please input 2*3 dimension data:
  1 2 3 4 5 6
Display object X
  11   22   33
  44   55   66
Display object Y
  1    2    3
  4    5    6
Display object Z=X+Y
  12   24   36
  48   60   72
Display object Z=X-Y
  10   20   30
  40   50   60
```

说明：如在VC++ 6.0 环境下使用，头文件部分应写成：

```
#include<iostream.h>
#include <iomanip.h>
```

【5.19】 编写一个程序，要求：

(1) 声明一个类 complex，定义类 complex 的两个对象 c1 和 c2，对象 c1 通过构造函数直接指定复数的实部和虚部(类私有数据成员为 double 类型的 real 和 imag)为 2.5 及 3.7，对象 c2 通过构造函数直接指定复数的实部和虚部为 4.2 及 6.5；

(2) 定义友元运算符重载函数，它以 c1、c2 对象为参数，调用该函数时能返回两个复数对象相加操作；

(3) 定义成员函数 print，调用该函数时，以格式"(real，imag)"输出当前对象的实部和虚部，例如：对象的实部和虚部分别是 4.2 和 6.5，则调用 print 函数输出格式为：(4.2，6.5)；

(4) 编写主程序，计算出复数对象 c1 和 c2 相加结果，并将其结果输出。

【解】 实现本题功能的程序如下：

```
#include<iostream>
using namespace std;
class complex
{ public:
    complex(double r=0,double i=0);
    friend complex operator+(const complex c1,const complex c2);
    void print();
  private:
   double real,imag;
};
complex::complex(double r,double i)
{ real=r;
  imag=i;
}
complex operator+(const complex c1,const complex c2)
{ complex temp;
  temp.real=c1.real+c2.real;
  temp.imag=c1.imag+c2.imag;
  return temp;
}
void complex::print()
{ cout<<"("<<real<<", "<<imag<<")"<<endl;
}
int main()
{ complex c1(2.5,3.7),c2(4.2,6.5);
  complex c;
  c=c1+c2;
  c.print();
  return 0;
}
```

本程序的运行结果如下：

```
(6.7, 10.2)
```

说明：

(1) 友元运算符重载函数也可以定义为：

```
complex operator+ (const complex& c1,const complex& c2)
{ return complex(c1.real+c2.real,c1.imag+c2.imag);
}
```

(2) 有的C++系统(如 Visual C++ 6.0)没有完全实现C++标准,它所提供的不带反缀的".h"的头文件不支持友元运算符重载函数,在 Visual C++ 6.0 中编译会出错,这时可采用带后缀的".h"头文件。将程序中的

```
#include<iostream>
using namespace std;
```

修改成

```
#include<iostream.h>
```

即可顺利运行。以后遇到类似情况,可照此办理。

【5.20】 写一个程序,定义抽象基类 Container,由它派生出三个派生类：Sphere(球体)、Cylinder(圆柱体)、Cube(正方体)。用虚函数分别计算几种图形的表面积和体积。

【解】 实现本题功能的程序如下：

```
#include<iostream>
using namespace std;
class Container{
  protected:
    double radius;
    double height;
  public:
    Container(double ra)
    { Container::radius=ra;
    }
    double print_ra()
    { return radius;
    }
    double print_he()
    { return height;
    }
    virtual double surface_area()=0;
    virtual double volume()=0;
};
class Sphere:public Container{
  public:
    Sphere(double ra):Container(ra)
    { }
    double surface_area()
```

```
    { return 4 * 3.1416 * radius * radius;
    }
    double volume()
    { return 3.1416 * radius * radius * radius * 4/3;
    }
};
class Cylinder:public Container{
  public:
    Cylinder(double ra,double he):Container(ra)
   { height=he;
   }
   double surface_area()
   { return 2 * 3.1416 * radius * (height+radius);
   }
   double volume()
   { return 3.1416 * radius * radius * height;
   }
};
class Cube:public Container{
  public:
    Cube(double ra):Container(ra){};
    double surface_area()
    { return radius * radius * 6;
    }
    double volume()
    { return radius * radius * radius;
    }
};
int main()
{ Container * ptr;
  Sphere obj1(8);
  Cylinder obj2(3,5);
  Cube obj3(5);
  ptr=&obj1;
  cout<<"球体半径:"<<ptr->print_ra()<<endl;
  cout<<"球体表面积:"<<ptr->surface_area()<<endl;
  cout<<"球体体积:"<<ptr->volume()<<endl;
  ptr=&obj2;
  cout<<"圆柱体半径:"<<ptr->print_ra()<<endl;
  cout<<"圆柱体高:"<<ptr->print_he()<<endl;
  cout<<"圆柱体表面积:"<<ptr->surface_area()<<endl;
  cout<<"圆柱体体积:"<<ptr->volume()<<endl;
  ptr=&obj3;
  cout<<"正方体边长:"<<ptr->print_ra()<<endl;
  cout<<"正方体表面积:"<<ptr->surface_area()<<endl;
```

```
  cout<<"正方体体积:"<<ptr->volume()<<endl;
  return 0;
}
```

本程序的运行结果如下：

```
球体半径：8
球体表面积：804.25
球体体积：2144.67
圆柱体半径：3
圆柱体高：5
圆柱体表面积：150.797
圆柱体体积：141.372
正方体边长：5
正方体表面积：150
正方体体积：125
```

第6章 模板与异常处理

【6.1】 为什么使用模板？函数模板声明的一般形式是什么？

【解】 模板是C++语言的一个重要特性。利用模板机制可以显著减少冗余信息，能大幅度地节约程序代码，进一步提高面向对象程序的可重用性和可维护性。模板是实现代码重用机制的一种工具，它可以实现类型参数化，即把类型定义为参数，从而实现了代码的重用，使得一段程序可以用于处理多种不同类型的对象，大幅度地提高程序设计的效率。

函数模板的声明格式如下：

```
template<typename 类型参数>
返回类型 函数名(模板形参表)
{
    函数体
}
```

也可以定义成如下形式：

```
template<class 类型参数>
返回类型 函数名(模板形参表)
{
    函数体
}
```

其中，template是一个声明模板的关键字，它表示声明一个模板。类型参数(通常用C++标识符表示，如T、Type等)实际上是一个虚拟的类型名，现在并未指定它是哪一种具体的类型，但使用函数模板时，必须将类型参数实例化。类型参数前需要加关键字typename(或class)，typename和class的作用相同，都是表示其后的参数是一个虚拟的类型名(即类型参数)。

【6.2】 什么是模板实参和模板函数？

【解】 将函数模板中的类型参数实例化的参数称为模板实参，函数模板经实例化而生成的具体函数称为模板函数。

【6.3】 什么是类模板？类模板声明的一般形式是什么？

【解】 所谓类模板，实际上是建立一个通用类，其数据成员、成员函数的返回类型和形参类型不具体指定，用一个虚拟的类型来代表。使用类模板定义对象时，系统会根据实参的类型来取代类模板中虚拟类型从而实现了不同类的功能。

定义一个类模板与定义函数模板的格式类似，必须以关键字template开始，后面是尖括号括起来的模板参数，然后是类名，其格式如下：

```
template<typename 类型参数>
class 类名 {
  类成员声明
  };
```

也可以定义成如下形式：

```
template<class 类型参数>
class 类名{
  类成员声明
};
```

与函数模板类似，其中，template 是一个声明模板的关键字，它表示声明一个模板。类型参数(通常用C++ 标识符表示，如 T、Type 等)实际上是一个虚拟的类型名，现在并未指定它是哪一种具体的类型，但使用类模板时，必须将类型参数实例化。类型参数前需要加关键字 typename(或 class)，typename 和 class 的作用相同，都是表示其后的参数是一个虚拟的类型名(即类型参数)。

【6.4】 函数模板与同名的非模板函数重载时，调用的顺序是怎样的？

【解】 函数模板与同名的非模板函数可以重载。在这种情况下，调用的顺序是：首先寻找一个参数完全匹配的非模板函数，如果找到了就调用它，若没有找到，则寻找函数模板，将其实例化，产生一个与之相匹配的模板函数，若找到了，就调用它。

【6.5】 假设声明了以下的函数模板：

```
template<class T>
T max(T x,T y)
{ return(x>y)?x:y ;
}
```

并定义了 int i;char c;

错误的调用语句是(　　)。

A. max(i,i)　　B. max(c,c)　　C. max((int)c,i)　　D. max(i,c)

【解】 D

【6.6】 模板的使用是为了(　　)。

A. 提高代码的可重用性　　B. 提高代码的运行效率

C. 加强类的封装性　　D. 实现多态性

【解】 A

【6.7】 C++ 处理异常的机制是由(　　)三部分组成。

A. 编辑、编译和运行　　B. 检查、抛出和捕获

C. 编辑、编译和捕获　　D. 检查、抛出和运行

【解】 B

【6.8】 写出下面程序的运行结果。

```
#include<iostream>
using namespace std;
```

```
template<class Type1,class Type2>
class myclass{
  public:
    myclass(Type1 a,Type2 b)
    { i=a; j=b;
    }
    void show()
    { cout<<i<<' '<<j<<'\n';
    }
  private:
    Type1 i;
    Type2 j;
};
int main()
{ myclass<int,double>ob1(10,0.23);
  myclass<char,char * >ob2('X',"This is a test.");
  ob1.show();
  ob2.show();
  return 0;
}
```

【解】 本程序的运行结果如下：

```
10      0.23
X This is a test.
```

说明：这个程序声明了两种类型的对象。ob1 的两个参数分别为整型与双精度型，ob2 的两个参数分别为字符型与字符串型。

【6.9】 写出下面程序的运行结果。

```
#include<iostream>
using namespace std;
int f(int );
int main()
{ try
   { cout<<"4!="<<f(4)<<endl;
    cout<<"-2!="<<f(-2)<<endl;
    }
    catch(int n)
    { cout<<"n="<<n<<"不能计算 n!。"<<endl;
    cout<<"程序执行结束。"<<endl;
    }
  return 0;
}
int f(int n)
```

```
{ if(n<=0)
    throw n;
      int  s=1;
      for(int i=1;i<=n;i++)
        s*=i;
    return s;
}
```

【解】 本程序的运行结果如下：

```
4!=24
n=-2不能计算n!。
程序执行结束。
```

【6.10】 指出下列程序中的错误，并说明原因。

```
#include<iostream>
using namespace std;
template<typename T>                          //模板声明,其中为T类型参数
class Compare{                                //类模板名为Compare
  public:
    Compare(T a, T b)
    { x=a;  y=b;}
    T min();
  private:
    T x,y;
};
template <typename T>
T Compare::min()
{ return(x<y)?x:y;
}
int main()
{
  Compare com1(3,7);
  cout<<"其中的最小值是:"<<com1.min()<<endl;
  return 0;
}
```

【解】 在类模板体外定义成员函数 min 时“T Compare∷min()” 是错误的，应在成员函数名前缀上“类名<类型参数>∷”，应该将此语句改为：

```
T Compare<T>::min()
```

主函数中语句“Compare com1(3,7);”是错误的，因为首先要将模板实例化，才能由模板生成对象。应该将此语句改为：

```
Compare <int>com1(3,7);
```

修改后，正确的程序如下：

```
#include<iostream>
using namespace std;
template<typename T>                        //模板声明，其中为 T 类型参数
class Compare{                              //类模板名为 Compare
  public:
    Compare(T a, T b)
    { x=a;  y=b;}
    T min();
  private:
    T x,y;
};
template<typename T>
T Compare<T>::min()
{ return(x<y)?x:y;
}
int main()
{
  Compare <int>com1(3,7);
  cout<<"其中的最小值是:"<<com1.min()<<endl;
  return 0;
}
```

本程序的运行结果如下：

```
其中的最小值是: 3
```

【6.11】 已知下列主函数：

```
int main()
{ cout<<min(10,5,3)<<endl;
  cout<<min(10.0,5.0,3.0)<<endl;
  cout<<min('a','b', 'c')<<endl;
  return 0;
}
```

设计一个求 3 个数中最小者的函数模板，并写出调用此函数模板的完整程序。

【解】 函数模板程序如下：

```
template <class Type>
Type min(Type a,Type b,Type c)
{ a=(a<b?a:b);
  return(a<c?a:c);
}
```

完整的程序如下：

```
#include<iostream>
using namespace std;
```

```
template <class Type>
Type min(Type a,Type b,Type c)                          //声明函数模板
{ a=(a<b?a:b);
  return(a<c?a:c);
}
int main()
{ cout<<min(10,5,3)<<endl;
  cout<<min(10.0,5.0,3.0)<<endl;
  cout<<min('a','b', 'c')<<endl;
  return 0;
}
```

本程序的运行结果如下：

```
3
3
a
```

【6.12】 编写一个函数模板，求数组中的最大元素，并写出调用此函数模板的完整程序，使得函数调用时，数组的类型可以是整型也可以是双精度类型。

【解】 实现本题功能的程序如下：

```
#include<iostream>
using namespace std;
template <class Type>                                  //函数模板
Type max(Type * Array,int size)
{ int i,j=0;
  for(i=1;i<size-1;i++)
    if(Array[i]>Array[j])
      { j=i; }
  return  Array[j];
}
int main()
{ int intArray[]={11,12,13,14,7,8,9};
  double doubleArray[]={11.2,12.3,13.2,14.5,14.8,8.7,9.3};
  cout<<max(intArray,7)<<endl;
  cout<<max(doubleArray,7)<<endl;
  return 0;
}
```

本程序的运行结果如下：

```
14
14.8
```

【6.13】 编写一个函数模板，使用冒泡排序将数组内容由小到大排列并打印出来，并写出调用此函数模板的完整程序，使得函数调用时，数组的类型可以是整型也可以是双精度型。

【解】 实现本题功能的程序如下：

```
#include<iostream>
using namespace std;
template<class Type>
void sort(Type * Array,int size)
{ int i,j;
  for(i=0;i<size-1;i++)
    for(j=0;j<size-i-1;j++)
      if(Array[j]>Array[j+1])
      { Type temp=Array[j];
        Array[j]=Array[j+1];
        Array[j+1]=temp;
      }
  for(i=0;i<=size-1;i++)
    cout<<Array[i]<<"  ";
  cout<<endl;
}
int main()
{ int intArray[]={11,12,13,14,7,8,9};
  double doubleArray[]={11.2,12.3,13.2,14.5,14.8,8.7,9.3};
  sort(intArray,7);
  sort(doubleArray,7);
  return 0;
}
```

本程序的运行结果如下：

```
7 8 9 11 12 13 14
8.7 9.3 11.2 12.3 13.2 14.5 14.8
```

【6.14】 建立一个用来实现求3个数和的类模板(将成员函数定义在类模板的内部)，并写出调用此类模板的完整程序。

【解】 实现本题功能的程序如下：

```
#include<iostream>
using namespace std;
template<typename T>                          //模板声明,其中为T类型参数
class Sum{                                    //类模板名为Sum
  public:
    Sum(T a,T b,T c)
    { x=a; y=b; z=c;
    }
    T add()
    { return x+y+z;
    }
  private:
```

```
    T x,y,z;
};
int main()
{ Sum<int>s1(3,7,9);                      //用类模板定义对象 s1,此时 T 被 int 替代
  Sum<double>s2(12.34,56.78,67.89);       //用类模板定义对象 s2,此时 T 被 double 替代
  cout<<"三个整数的和是:"<<s1.add()<<endl;
  cout<<"三个双精度数的和是:"<<s2.add()<<endl;
  return 0;
}
```

本程序的运行结果如下：

```
三个整数的和是: 19
三个双精度数的和是: 137.01
```

【6.15】 将习题 6.14 改写为在类模板外定义各成员函数。

【解】 实现本题功能的程序如下：

```
#include<iostream>
using namespace std;
template<typename T>                      //模板声明,其中为 T 类型参数
class Sum{                                //类模板名为 Sum
  public:
    Sum(T a,T b,T c);                     //声明构造函数的原型
    T add();                              //声明成员函数 add 的原型
  private:
    T x,y,z;
};
template <typename T>                     //模板声明
Sum<T>::Sum(T a, T b,T c)                 //在类模板体外定义构造函数
{ x=a;  y=b;  z=c;
}
template <typename T>                     //模板声明
T Sum<T>::add()                           //在类模板体外定义成员函数 add,返回类型为 T
{ return x+y+z;
}
int main()
{ Sum<int>s1(3,7,9);                      //用类模板定义对象 s1,此时 T 被 int 替代
  Sum<double>s2(12.34,56.78,67.89);       //用类模板定义对象 s2,此时 T 被 double 替代
  cout<<"三个整数的和是:"<<s1.add()<<endl;
  cout<<"三个双精度数的和是:"<<s2.add()<<endl;
  return 0;
}
```

本程序的运行结果如下：

```
三个整数的和是: 19
三个双精度数的和是: 137.01
```

第7章　C++的流类库与输入输出

【7.1】 C++为什么要有自己的输入输出系统?

【解】 C++除了完全支持C语言的输入输出系统外,还定义了一套面向对象的输入输出系统。为什么C++还要建立自己的输入输出系统呢?

首先,这是因为C++的输入输出系统比C语言更安全、更可靠。在C语言中,用printf和scanf进行输入输出,往往不能保证输入输出的数据是正确的。

C++的编译系统对数据类型进行严格的检查,凡是类型不正确的数据都不可能通过编译。因此,用C++的输入输出系统进行操作是类型安全的。

其次,在C++中需要定义众多的用户自定义类型(如结构体、类等),但是使用C语言中的printf和scanf是无法对这些数据进行输入输出操作的。C++的类机制允许它建立一个可扩展的输入输出系统,不仅可以用来输入输出标准类型的数据,也可以用于用户自定义类型的数据。

总之,C++的输入输出系统明显地优于C语言的输入输出系统。首先它是类型安全的,可以防止格式控制符与输出数据的类型不一致的错误。另外,C++中可以通过重载运算符“>>”和“<<”,使之能用于用户自定义类型的输入和输出,并且像预定义类型一样有效方便。C++输入输出的书写形式也很简单、清晰,这使程序代码具有更好的可读性。

【7.2】 C++有哪4个预定义的流对象?它们分别与什么具体设备相关联?

【解】 C++中包含几个预定义的流对象,它们是标准输入流对象cin、标准输出流对象cout、非缓冲型的标准出错流对象cerr和缓冲型的标准出错流对象clog。这4个流所关联的具体设备为:

cin　　与标准输入设备相关联,通常指键盘

cout　　与标准输出设备相关联,通常指显示器

cerr　　与标准错误输出设备相关联(非缓冲方式),通常指显示器

clog　　与标准错误输出设备相关联(缓冲方式),通常指显示器

【7.3】 cerr和clog之间的区别是什么?

【解】 cerr和clog之间的区别是,cerr是不经过缓冲区,直接向显示器上输出有关信息,因而发送给它的任何内容都立即输出;相反,clog中的信息存放在缓冲区中,缓冲区满后或遇上endl时向显示器输出。

【7.4】 C++提供了哪两种控制输入输出格式的方法?

【解】 C++提供了两种进行格式控制的方法:一种是使用ios类中有关格式控制的流成员函数进行格式控制;另一种是使用称为操纵符的特殊类型的函数进行格式控制。

【7.5】 C++ 进行文件输入输出的基本过程是什么？

【解】 C++ 中进行文件输入输出的基本过程是，必须首先创建一个流对象，然后将这个流对象与文件相关联，即打开文件，此时才能进行读写操作，读写操作完成后再关闭这个文件。

【7.6】 有以下程序：

```
#include<iostream>
using namespace std;
#include <iomanip>
int main()
{ int i=7890 ;
  cout<<setw(6)<<i<<endl;
  cout<<i<<endl;
  return 0;
}
```

程序运行后的输出结果是(　　)。

A. 7890
7890

B. 　7890
7890

C. 7890
　　7890

D. 以上都不对

【解】 B

【7.7】 有以下程序：

```
#include<iostream>
using namespace std;
int main()
{ int i=100;
  cout.unsetf(ios::dec);
  cout.setf(ios::hex);
  cout<<i<<"\t";
  cout<<i<<"\t";
  cout.setf(ios::dec);
  cout<<i<<"\n";
  return 0;
}
```

程序运行后的输出结果是(　　)。

A. 64　100　64　　B. 64　64　64

C. 64　64　100　　D. 64　100　100

【解】 C

【7.8】 使用"myFile.open("Sales.dat",ios::app);"语句打开文件 Sales.dat 后，则(　　)。

A. 该文件只能用于输出

B. 该文件只能用于输入

C. 该文件既可以用于输出，也可以用于输入

D. 若该文件存在，则清除该文件的内容

【解】 A

说明：用 ios::app 打开的文件只能用于输出。

【7.9】 编一程序，分别计算 1!到 9!的值，使用 setw()控制"="左边的数值宽度。

【解】 实现本题功能的程序如下：

```
#include<iostream>
#include <iomanip>
using namespace std;
double fact(int n);
int main()
{ for(int n=1;n<10;n++)
     cout<<setw(2)<<n<<"!="<<fact(n)<<endl;
  return 0;
}
double fact(int n)
{ double factor=1;
  for(int i=n; i>=1; i--)
  factor *=i;
  return factor;
}
```

本程序的运行结果如下：

```
1!=1
2!=2
3!=6
4!=24
5!=120
6!=720
7!=5040
8!=40320
9!=362880
```

【7.10】 编一程序，在屏幕上显示一个由字母 A 组成的三角形。

```
      A
     AAA
    AAAAA
   AAAAAAA
  AAAAAAAAA
 AAAAAAAAAAA
AAAAAAAAAAAAA
```

【解】 实现本题功能的程序如下：

```
#include<iostream>
#include <iomanip>
using namespace std;
double fact(int n);
```

```
int main()
{ for(int i=1;i<8;i++)
      cout<<setw(20-i)<<setfill(' ')<<"  "
         <<setw(2*i-1)<<setfill('A')<<"A"<<endl;
    return 0;
}
```

说明：假设第1行中字母A显示在第20列位置，则其前面有19个空格；第2行有3个字母A，字母前有18个空格；第3行有5个字母A，字母前有17个空格；以此类推，第i行有$2i-1$个字母A，字母前有$20-i$个空格。

【7.11】 有两个矩阵a和b，均为2行3列，编一程序，求两个矩阵之和。重载插入运算符“<<”和提取运算符“>>”，使之能用于该矩阵的输入和输出。重载运算符“+”，使之能用于矩阵相加，如：c=a+b。

【解】 实现本题功能的程序如下：

```
#include<iostream>
using namespace std;
class Matrix{
  public:
    Matrix();
    friend Matrix operator+ ( Matrix &, Matrix &);
    friend ostream& operator<< (ostream &, Matrix&);
    friend istream& operator>> (istream &, Matrix&);
  private:
    int mat[2][3];
};
Matrix:: Matrix()
{ for(int i=0;i<2;i++)
    for(int j=0;j<3;j++)
      mat[i][j]=0;
};
Matrix operator+ (Matrix & a,Matrix & b)
{ Matrix c;
  for(int i=0;i<2;i++)
    for(int j=0;j<3;j++)
    { c.mat[i][j]=a.mat[i][j]+b.mat[i][j];
    }
  return c;
}
istream& operator>> (istream & in,Matrix& m)
{ cout<< "input value of matrix:"<<endl;
  for(int i=0;i<2;i++)
    for(int j=0;j<3;j++)
         in>>m.mat[i][j];
  return in;
```

```
}
ostream& operator<< (ostream &out, Matrix& m)
{ for(int i=0;i<2;i++)
    { for(int j=0;j<3;j++)
      { out<<m.mat[i][j]<<" ";
      }
 out<<endl;}
 return out;
}
int main()
{ Matrix a,b,c;
  cin>>a;
  cin>>b;
  cout<<endl<<"Matrix a:"<<endl<<a<<endl;
  cout<<endl<<"Matrix b:"<<endl<<b<<endl;
  c=a+b;
  cout<<endl<<"Matrix c=Matrix a +Matrix b:"<<endl<<c<<endl;
  return 0;
}
```

本程序的运行结果如下：

```
input value of matrix:
1 2 3 4 5 6↙
input value of matrix:
11 22 33 44 55 66↙

Matrix a:
1 2 3
4 5 6

Matrix b:
11 22 33
44 55 66

Matrix c=Matrix a +Matrix b:
12 24 36
48 60 72
```

【7.12】 编写一个程序，将下面的信息表写入文件 stock.txt 中：

```
Shen fa zhan    000001
Shang hai qi che    600104
Guang ju neng yuan 000096
```

【解】 实现本题功能的程序如下：

```
#include<iostream>
```

```
#include <fstream>
using namespace std;
int main()
{ ofstream pout("stock.txt");
  if(!pout )
  { cout<<"Cannot open phone file\n";
    return 1;
  }
  pout<<"Shen fa zhan 000001\n";
  pout<<"Shang hai qi che 600104\n";
  pout<<"Guang ju neng yuan 000096\n ";
  pout.close();
  return 0;
}
```

【7.13】 编写一个程序,要求定义 in 为 fstream 的对象,与输入文件 file1. txt 建立关联,文件 file1. txt 的内容如下:

```
abcdef
ghijklmn
```

定义 out 为 fstream 的对象,与输出文件 file2. txt 建立关联。当文件打开成功后将 file1. txt 文件的内容转换成大写字母,输出到 file2. txt 文件中。

【解】 实现本题功能的程序如下:

```
#include<iostream>
#include <fstream>
using namespace std;
int main()
{ fstream in("file1.txt",ios::in);
  if(!in)
  { cerr<<"Error open file.";
    return 1;
  }
  fstream out("file2.txt",ios::out);
  if(!out)
  { cerr<<"Error open file.";
    return 2;
  }
  char ch;
  while((ch=in.get())!=EOF)
    out<<char(toupper(ch));
  in.close();
  out.close();
  return 0;
}
```

本程序的运行结果如下：

先建立一个 file1. txt 文件并输入字符串，程序运行后，查看输入文件 file1. txt 的内容为：

```
abcdef
ghijklmn
```

输出文件 file2. txt 的内容为：

```
ABCDEF
GHIJKLMN
```

【7.14】 编写一个程序，要求定义 in 为 fstream 的对象，与输入文件 file1. txt 建立关联，文件 file1. txt 的内容如下：

```
aabbcc
```

定义 out 为 fstream 的对象，与输出文件 file2. txt 建立关联。当文件打开成功后将 file1. txt 文件的内容附加到 file2. txt 文件的尾部。运行前 file2. txt 文件的内容如下：

```
ABCDEF
GHIJKLMN
```

运行后，再查看文件 file2. txt 的内容。

【解】 实现本题功能的程序如下：

```
#include<iostream>
#include <fstream>
using namespace std;
int main()
{ ifstream in;
  in.open("file1.txt",ios::in);
  if(!in)
  { cerr<<"Error open file1.txt.";
    return 1;
  }
  ofstream out;
  out.open("file2.txt",ios::app);
  if(!out)
  { cerr<<"Error open file2.txt.";
    return 1;
  }
  char ch;
  while((ch=in.get())!=EOF)
  out<<ch;
  in.close();
  out.close();
  return 0;
}
```

运行后，查看文件 file2.txt 的内容如下：

```
ABCDEF
GHIJKLMN
aabbcc
```

【7.15】 写一个程序，用于统计某文本文件中单词 is 的个数。

【解】 实现本题功能的程序如下：

```
#include<iostream>
#include <fstream>
using namespace std;
int main()
{ int flag=0,flag2=0;                          //flag=0 表示前面的字符不是空格
                                               //flag2=0 表示前面的字符不是"is"
  int sum=0;                                   //sum 记录"is"的个数
  char ch;
  fstream in("file1.txt",ios::in);
  if(!in)
  { cerr<<"Error open file.";
    return 0;
  }
  while((ch=in.get())!=EOF)
  if(ch==' ')
  { if(flag!=1) flag=1 ;
  }
  else
  { if(flag==1&&ch=='i') flag2=1;
    if(flag2==1&&ch=='s')
    {  sum++;
       flag2=0;
    }
    flag=0;
  }
  cout<<sum;                                   //输出"is"的个数
  in.close();
  return 1;
}
```

第 8 章　STL 标准模板库

【8.1】 请分析以下程序的运行结果。

```
#include <iostream>
#include <string>
#include <vector>
#include <algorithm>
using namespace std;
int main()
{
    vector<char>alphaVector;
    for( int i=0; i <8; i++)
      alphaVector.push_back( i +65 );
    int size =alphaVector.size();
    vector<char>::iterator theIterator;
    for( int j=0; j <size; j++) {
      alphaVector.pop_back();
       for ( theIterator = alphaVector. begin (); theIterator ! = alphaVector. end ();
       theIterator++)
          cout << * theIterator;
      cout <<endl;
   }
    return 0;
}
```

【解】 程序运行结果为：

```
ABCDEFG
ABCDEF
ABCDE
ABCD
ABC
AB
A
```

【8.2】 请分析以下程序的运行结果。

```
#include <iostream>
#include <queue>
#include <string>
using namespace std;
```

```
void test_empty()
{
    priority_queue<int>mypq;
    int sum (0);
    for (int i=1;i<=100;i++)
        mypq.push(i);
    while (!mypq.empty())
    {
        sum +=mypq.top();
        mypq.pop();
    }
    cout <<"总数: " <<sum <<endl;
}//总数: 5050

void test_pop()
{
    priority_queue<int>mypq;
    mypq.push(30);
    mypq.push(100);
    mypq.push(25);
    mypq.push(40);
    cout <<"元素出队列……";
    while (!mypq.empty())
    {
        cout <<" " <<mypq.top();
        mypq.pop();
    }
    cout <<endl;
}//元素出队列 …… 100 40 30 25
void test_top()
{
    priority_queue<string>mypq;
    mypq.push("how");
    mypq.push("are");
    mypq.push("you");
    cout <<"队头元素:---   " <<mypq.top() <<endl;
}//队头元素:--->>>   you
int main()
{
    test_empty();
    cout<<"\n**********************************************\n";
    test_pop();
    cout<<"\n**********************************************\n";
    test_top();
    cout<<"\n**********************************************\n";
```

```
    priority_queue<float>q;
    q.push(66.6);
    q.push(22.2);
    q.push(44.4);
    cout <<q.top() <<' ';
    q.pop();
    cout <<q.top() <<endl;
    q.pop();
    q.push(11.1);
    q.push(55.5);
    q.push(33.3);
    q.pop();
    while (!q.empty())
    {
        cout <<q.top() <<' ';
        q.pop();
    }
    cout <<endl;
}
```

【解】 程序运行结果为：

```
总数：5050

*********************************************
元素出队列...100 40 30 25

**********************************************
队头元素：--->>>   you

*********************************************
66.6 44.4
33.3 22.2 11.1
```

【8.3】 请分析以下程序的运行结果。

```
#include <iostream>
#include <map>
#include <string>
using namespace std;
typedef struct Student
{
    int       StuNumber;
    string    StuName;
    bool operator < (Student const& Stu_A) const
    {
            //首先按 StuNumber 排序,如果 StuNumber 相等的话,再按 StuName 排序
```

```
        if(StuNumber <Stu_A.StuNumber)   return true;
        if(StuNumber ==Stu_A.StuNumber)
            return StuName.compare(Stu_A.StuName) <0;
        return false;
    }
}StudentInfo, * PStudentInfo;  //学生信息
int main ()
{
    map<StudentInfo, int>mapStudent;
    map<StudentInfo, int>::iterator iter;
    StudentInfo studentInfo;
    studentInfo.StuNumber =< 1;
    studentInfo.StuName =< "周兵";
    mapStudent.insert(pair<StudentInfo, int>(studentInfo, 90));
    studentInfo.StuNumber =< 2;
    studentInfo.StuName =< "周敏";
    mapStudent.insert(pair<StudentInfo, int>(studentInfo, 80));
    for (iter=mapStudent.begin(); iter!=mapStudent.end(); iter++)
    {    cout<<"学号: "<<iter->first.StuNumber<<endl;
         cout<<"姓名: "<<iter->first.StuName<<endl;
         cout<<"分数: "<<iter->second<<endl;
    }
}
```

【解】 程序运行结果为:

学号: 1
姓名: 周兵
分数: 90
学号: 2
姓名: 周敏
分数: 80

第 9 章　面向对象程序设计方法与实例

【9.1】 修改网上购书的例子，模拟下订单的操作。每张订单的数据成员如下：

```
class order
{ public:
   ⋮
  private:
    static int ordercount;                    //自动增加订单编号
    int orderID;                              //订单编号
    int buyerID;                              //购书人编号
    int listcount;                            //购书数量
    string orderlist[20];                     //记录书号的数组
};
```

【解】 程序中包括了 3 个文件：buy. h、book. h 和 buy_book. cpp 文件。buy_book. cpp 程序中有 main 函数。

本题采用C++ 提供的新的数据类型——字符串类类型(string 类类型)来编程。使用 string 类时，必须在程序的开头将C++ 标准库中的 string 头文件包含进来，即应加上

```
#include<string>                              //注意头文件名不是 string.h
```

完整程序及相应的说明如下：

```
//buy.h 文件开始
class buyer                                   //基类
{ protected:
    string name;                              //姓名
    int buyerID;                              //购书人编号
    string address;                           //地址
    double pay;                               //购书费用
  public:
    buyer();
    buyer(string n,int b,string a,double p);
    string getbuyname();                      //取姓名
    string getaddress();                      //取地址
    double getpay();                          //取应付费用
    int getid();                              //取购书人编号
    virtual void display()=0;                 //显示函数
    virtual void setpay(double=0)=0;          //计算购书费用
};
class member:public buyer                     //会员类
```

```
{   int leaguer_grade;                                          //会员级别
  public:
    member(string n,int b,int l,string a,double p):buyer(n,b,a,p)
    { leaguer_grade=l;}                                         //构造函数
    void display();                                             //显示函数
    void setpay(double p);
    };
    class honoured_guest:public buyer                           //贵宾类
    {   double discount_rate;                                   //折扣率
      public:
        honoured_guest(string n,int b,double r,string a,double p):buyer(n,b,a,p)
        { discount_rate=r;}                                     //构造函数
        void display();                                         //显示函数
        void setpay(double p);                                  //计算购书费用
    };
    class layfolk:public buyer                                  //普通人类
    { public:
        layfolk(string n,int b,string a,double p):buyer(n,b,a,p)
        { }                                                     //构造函数
        void display();                                         //显示函数
        void setpay(double p);                                  //计算购书费用
    };
    buyer::buyer()                                              //基类的构造函数
    { name="";
      buyerID=0;
      address="";
      pay=0;
    }
  buyer::buyer(string n,int b,string a,double p)
  {                                                             //基类的构造函数
      name=n;
      buyerID=b;
      address=a;
      pay=p;
    }
    double buyer::getpay()                                      //取购书费用
    { return pay;
    }
    string buyer::getaddress()                                  //取购书人地址
    { return address;
    }
    string buyer::getbuyname()                                  //取购书人名字
    { return name;
    }
    int buyer::getid()                                          //取购书人编号
    { return buyerID;
    }
```

```
void member::display()                              //会员类的显示函数
{ cout<<"购书人姓名:"<<name<<"\t";
  cout<<"购书人编号:"<<buyerID<<"\t";
  cout<<"购书人为会员,级别:"<<leaguer_grade<<"\n";
  cout<<"地址:"<<address<<"\n";
}
void member::setpay(double p)                       //会员类的计算购书费用
{ if(leaguer_grade==1)                              //会员级别为 1
    pay=.95*p+pay;
  else if(leaguer_grade==2)                         //会员级别为 2
     pay=.90*p+pay;
  else if(leaguer_grade==3)                         //会员级别为 3
    pay=.85*p+pay;
  else if(leaguer_grade==4)                         //会员级别为 4
    pay=.8*p+pay;
  else if(leaguer_grade==5)                         //会员级别为 5
     pay=.7*p+pay;
  else
    cout<<"级别错误!";
}
void honoured_guest::display()                      //贵宾类的显示函数
{ cout<<"购书人姓名:"<<name<<"\t";
  cout<<"购书人编号:"<<buyerID<<"\t";
  cout<<"购书人为贵宾!折扣率为:"<<discount_rate*100<<"%\n";
  cout<<"地址:"<<address<<"\n\n";
}
void honoured_guest::setpay(double p)               //贵宾类计算购书费用
{ pay=pay+(1-discount_rate)*p;
}
void layfolk::display()                             //普通类显示函数
{ cout<<"购书人姓名:"<<name<<"\t";
  cout<<"购书人编号:"<<buyerID<<"\t";
  cout<<"购书人为普通人"<<"\n";
  cout<<"地址: "<<address<<"\n\n";
}
void layfolk::setpay(double p)                      //普通类计算购书费用
{ pay=pay+p;
}
//buy.h 文件结束

//book.h 文件开始
class book                                          //图书类
{ protected:
    string book_ID;                                 //书号
    string book_name;                               //书名
    string author;                                  //作者
    string publishing;                              //出版社
```

```
    double price;                                          //定价
  public:
    book();                                                //构造函数
    book(string b_id,string b_n,string au,string pu,double pr);
                                                           //重载构造函数
    void display();
    string getbook_ID();                                   //取书号
    string getbook_name();                                 //取书名
    string getauthor();                                    //取作者
    string getpublishing();                                //取出版社
    double getprice();                                     //取定价
};
book::book(string b_id,string b_n,string au,string pu,double pr)
{ book_ID=b_id;                                            //书号
  book_name=b_n;                                           //书名
  author=au;                                               //作者
  publishing=pu;                                           //出版社
  price=pr;                                                //定价
}
book::book()
{ book_ID="";                                              //书号
  book_name="";                                            //书名
  author="";                                               //作者
  publishing="";                                           //出版社
  price=0;                                                 //定价
}
void book::display()
{ cout<<"书号:"<<book_ID<<"\t";
  cout<<"书名:"<<book_name<<"\t";
  cout<<"作者:"<<author<<"\n";
  cout<<"出版社:"<<publishing<<"\t";
  cout<<"定价:"<<price<<"\n";
}
string book::getbook_ID()
{ return book_ID;                                          //取书号
}
string book::getbook_name()
{ return book_name;                                        //取书名
}
string book::getauthor()
{ return   author;                                         //取作者
}
string book::getpublishing()
{ return   publishing;                                     //取出版社
}
double book::getprice()
{ return price;                                            //取定价
```

```
}
//book.h 文件结束

//buy_book.cpp 文件开始
#include<string>
#include<iostream>
using namespace std;
#include"buy.h"
#include"book.h"
class order
{
  public:
    order()
    {
      buyerID=0;
      ordercount++;
      orderID=ordercount;                              //订单编号自动加 1
      listcount=0;
    }
    void setbuyid(int b_id)
    { buyerID=b_id;
    }
    void buy_one_book(string b_id)
    { orderlist[listcount]=b_id;
      listcount++;
    }
    void display();
  private:
    static int ordercount;                             //自动增加订单编号
    int orderID;                                       //订单编号
    int buyerID;                                       //购书人编号
    int listcount;                                     //购书数量
    string orderlist[20];                              //记录书号的数组
};
void order::display()
{ int i;
  cout<<"\n 订单信息\n\n 订单号:"<<orderID<<"\t";
  cout<<"购书人编号:"<<buyerID<<"\n";
  cout<<"所购图书书号:";
  for(i=0;i<listcount;i++)
    cout<<orderlist[i]<<"\t";
  cout<<endl;
}
int order::ordercount=0;
void main()
{ int i=0,j=0;
  int buyerid,flag;
  book * c[2];
```

```
  layfolk b1("林小茶",1,"北京",0);
  honoured_guest b2("王遥遥",2,.6,"上海",0);
  member b3("赵红艳",3,5,"广州",0);
  order o1[20];                                          //订单数组
  buyer * b[3]={&b1,&b2,&b3};
  book c1("","C++  programing","谭浩强","清华",25);
  book c2("A2","data structure","许天风","北大",20);
  c[0]=&c1;
  c[1]=&c2;
  cout<<"购书人信息:\n\n";
  for(i=0;i<3;i++)
    b[i]->display();
  cout<<"\n图书信息:\n\n";
  for(i=0;i<2;i++)
    c[i]->display();
  while(j<2)
  {
    cout<<"\n\n请输入购书人编号:";
    cin>>buyerid;
    flag=0;
    for(i=0;i<3;i++)
      if(b[i]->getid()==buyerid) { flag=1;break;}
      if(!flag) { cout<<"编号不存在"<<endl;}
      else
      {
        b[i]->setpay(c[0]->getprice());
        b[i]->setpay(c[1]->getprice());
        cout<<endl<<"购书人需要付费:"<<b[i]->getpay()<<"\n\n";
        o1[j].setbuyid(b[i]->getid());
        o1[j].buy_one_book(c[0]->getbook_ID());
        o1[j].buy_one_book(c[1]->getbook_ID());
        o1[j].display(); j++;
      }
  }
}
//buy_book.cpp 文件结束
```

第 2 部分

C ++上机实验指导

第 10 章 Visual C++ 上机操作介绍

10.1 Visual C++ 6.0 的开发环境

10.1.1 Visual C++ 6.0 集成开发环境概述

自从 Microsoft 公司发布 Visual C++(VC++)以来,Visual C++ 已经成为 Windows 操作系统环境下最主要的应用系统开发工具之一,是目前用得最多的C++ 编译系统,现在常用的是 Visual C++ 6.0 版本。Visual C++ 是可视化的编程工具,其友好的操作界面和强大的程序编译与调试工具,都深受程序员的喜爱。

Visual C++ 6.0 有英文版和中文版,两者的操作方法基本相同,用户可根据自身的情况选用。为了方便读者,本书尽可能将两种版本的操作方法同时介绍。

如果你使用的计算机上已经安装了 Visual C++ 6.0,使用时只需单击 Windows 操作系统桌面上的"开始"→"程序"→"Microsoft Visual Studio 6.0"→"Visual C++ 6.0"命令,就会出现如图 10.1 所示的 Visual C++ 6.0 的主窗口。

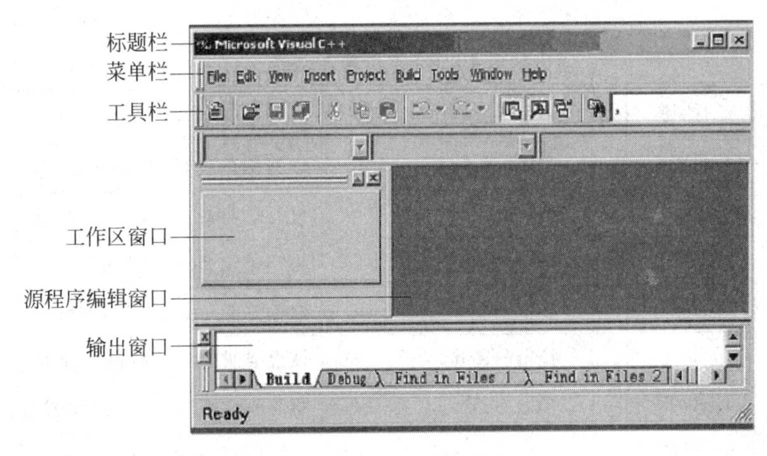

图 10.1

主窗口由标题栏、菜单栏、工具栏、工作区窗口、源程序编辑窗口和输出窗口组成。

主窗口最上方是标题栏,显示所打开的应用程序名。标题栏左端是控制菜单图标,单击后弹出窗口的控制菜单。标题栏右端从左至右有 3 个控制按钮,分别为最小化、最大化(还原)和关闭按钮,可用它们快速设置窗口的大小。

标题栏下方是菜单栏,由 File(文件)、Edit(编辑)、View(查看)、Insert(插入)、Project(工程)、Build(编译)、Tools(工具)、Window(窗口)和 Help(帮助)9 个主菜单项组成,其中每个主菜单项又由多个菜单项和子菜单组成。以上各菜单项后括号中的内容是 Visual C++ 6.0 中文版中的中文显示,以下同。

除了菜单外,在 Visual C++ 开发环境窗口的不同地方右击鼠标还可以弹出相应的快捷菜单。这些菜单的功能需要读者自己去实践,在此不再介绍。

为了用户操作方便,Visual C++ 系统在主窗口中提供了多种工具栏,每种工具栏中有若干个按钮,每个工具栏中的按钮表示某种操作(如新建一个文本窗口、保存当前文件等)。在鼠标指向某个按钮时,将显示出该按钮的功能。

工具栏的下方有两个窗口:左窗口是项目工作区窗口(简称工作区窗口),右窗口是源程序编辑窗口。工作区窗口用来显示所设定的工作区的信息,源程序编辑窗口用来输入和编辑源程序。在 Visual C++ 中可同时打开多个源程序编辑窗口,源程序编辑窗口将以平铺或重叠的方式显示。

在项目工作区窗口和源程序编辑窗口的下方是一个输出窗口,当编译、连接时输出窗口会显示编译和连接信息。

工作区窗口可通过工具栏中 Workspace 按钮隐藏或显示;输出窗口可通过单击工具栏中 Output 按钮隐藏或显示。隐藏这些窗口可以扩大源程序编辑窗口的大小。

10.1.2 常用功能键及其意义

为了使程序员能够方便快捷地完成程序开发,Visual C++ 开发环境提供了大量功能键(快捷键)来简化一些常用操作的步骤。功能键操作直接、简单,而且非常方便,使程序员能够方便快捷地完成程序开发。表 10.1 列出了一些最常用的功能键,读者可以在实验过程中逐步掌握。

表 10.1 常用功能键表

操作类型	功能键	对应菜单命令	功　　能
文件操作	Ctrl+N	File→New	创建新的文件、项目或工作区
	Ctrl+O	File→Open	打开已存在的文件、项目等
	Ctrl+S	File→Save	将当前文件保存到磁盘
编辑操作	Ctrl+Z	Edit→Undo	取消最近一次的编辑操作
	Ctrl+Y	Edit→Redo	恢复到使用 Undo 命令前的编辑效果
	Ctrl+X	Edit→Cut	删除选定的文本,同时将其复制到剪贴板
	Ctrl+C	Edit→Copy	将选定的文本复制到剪贴板
	Ctrl+V	Edit→Paste	将剪贴板中的内容插入到当前光标处
	Ctrl+A	Edit→Select All	用于选定当前源程序编辑窗口中的所有内容
	Ctrl+F	Edit→Find	用于查找指定的字符串
	Ctrl+H	Edit→Replace	用于替换指定的字符串
	Delete	Edit→Delete	删除当前选定的文本,如果没有选定文本,则删除光标后面的一个字符

续表

操作类型	功能键	对应菜单命令	功　能
编译运行操作	Ctrl+F7	Build→Compiler ×××.cpp	编译当前源文件
	Ctrl+F5	Build→Run ×××.exe	运行当前项目
	F7	Build→Build ×××.exe	建立可执行程序
	F5	Build→Start Debugging	启动调试程序
调试操作	F5	Debug→Go	如果源代码中设置了断点，则从断点处运行到下一个断点处；若未设置断点，则运行程序到结束
	F11	Debug→Step into	单步执行下一条语句，如果该语句中含有函数调用，则会转入函数体内部进行单步执行
	F10	Debug→Step over	单步执行下一条语句，如果该语句中含有函数调用，则会将其作为一个整体执行，而不会转入函数体内部进行单步执行
	Shift-F11	Debug→Step out	跳出一个函数体的内部，继续进行单步执行
	F9		设置/清除断点
	Ctrl+F10	Debug→Run to cursor	进入调试状态，并使程序运行到光标所在的位置
	Shift+F9	Debug→QuickWatch	快速查看和修改变量或表达式的值
	Shift+F5	Debug→Stop Debugging	停止调试过程并返回到程序编辑状态

注：当VC++ 6.0集成开发环境进入调试状态时，“Build”菜单会被“Debug”菜单所取代。

10.2 建立和运行单文件程序

C++程序可分为单文件程序和多文件程序。所谓单文件程序是指一个程序只由一个源文件组成，在初学C++语言时，大多数情况下编写的程序是单文件程序。我们先通过一个简单的例子，介绍建立和运行单文件程序的方法，10.3节介绍多文件程序的建立和运行的方法。

10.2.1 编辑C++源程序

1. 编辑一个新的C++源程序

启动Visual C++ 6.0编译系统后，出现如图10.1所示的Visual C++ 6.0的主窗口。在主菜单栏中选择“File(文件)”命令，出现一个下拉式菜单，再选择该菜单中的“New(新建)”命令(图10.2)，也可以用功能键Ctrl+N(以下介绍中，凡菜单命令有相应的功能键的都可使用功能键操作)，这时出现“New(新建)”对话框。该对话框中又有4个标签项和选择框，选择“Files(文件)”标签，在它的下拉式菜单中，选择“C++ Source File”选项，表示要建立一个新的C++ 源程序文件。然后在选择框的右半部分的 Location(目录) 文本框中输入准备编辑的源文件的存储路径(现假设为 D:\C++),表示准备编辑的源程序文件将存放在 D:\C++ 子目录下。在其上方的“File(文件)”文本框中输入准备编辑的源程序文件的名字(假如现在输入 lab1_1. cpp), 见图 10. 3。这样,就将进行输入和编辑的源程序以 lab1_1. cpp 为文件名存放在 D 盘的C++ 目录下。

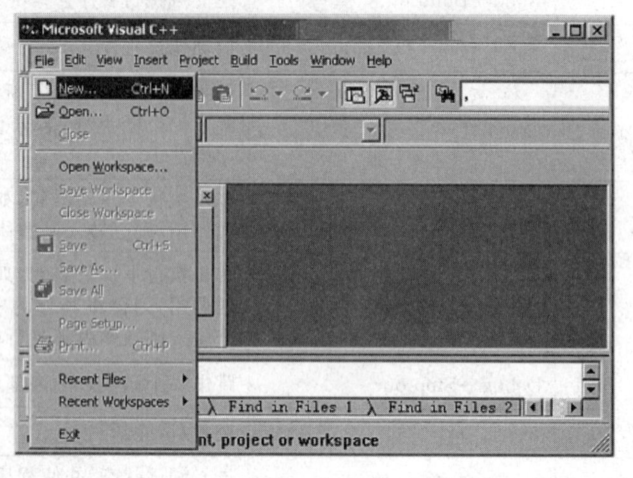

图 10.2

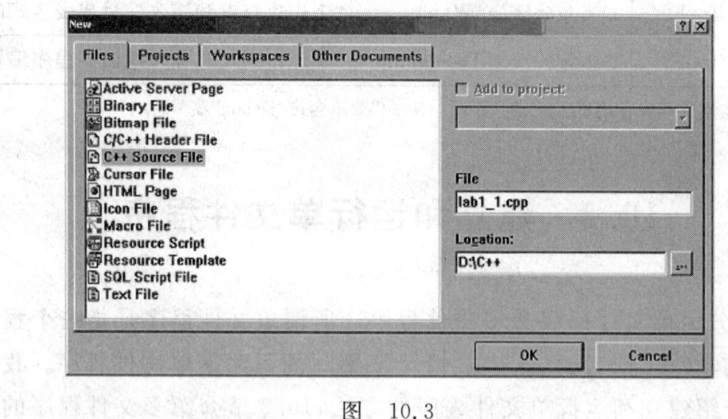

图 10.3

单击“OK”按钮后,回到 Visual C++ 主窗口,可以看到光标在程序编辑窗口中闪烁,表示源程序编辑窗口已激活,可以输入和编辑源程序了。

通过键盘输入以下源程序:

```
//lab1_1.cpp
#include<iostream>
using namespace std;
int main()
{
  cout<<"This is a program."<<endl
  return 0;
}
```

源程序输入后(见图 10.4),先对照源程序检查是否有输入错误,发现有错误就进行修改。

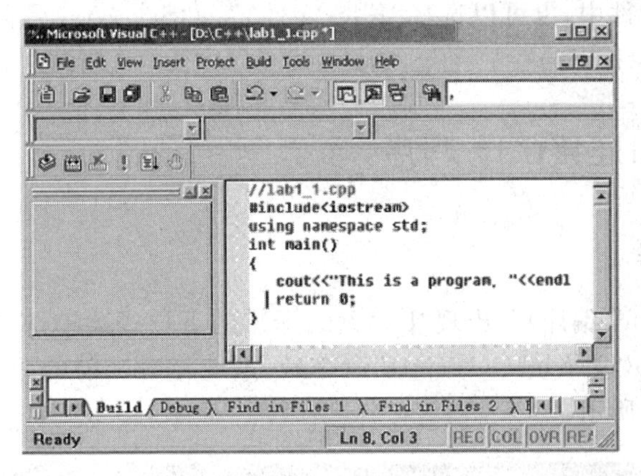

图 10.4

修改后,将该源程序存放到磁盘文件中,其方法如下:

在主菜单中选择"File(文件)"命令,在其下拉式菜单中选择"Save(保存)"命令即可,如图 10.5 所示。

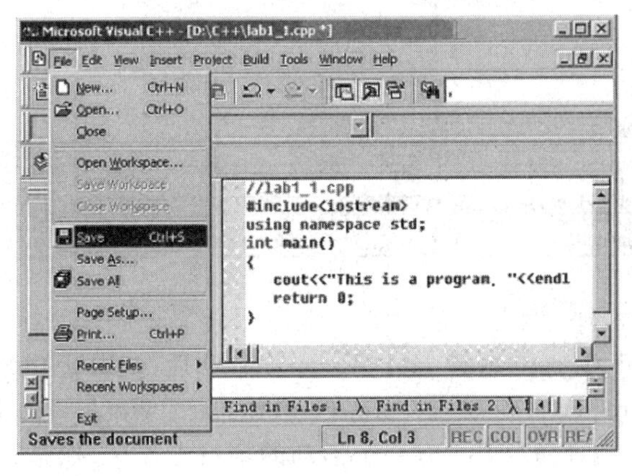

图 10.5

如果不想将源程序存放在原先指定的文件中,可以选择"Save As(另存为)"命令,屏幕上出现"Save As"对话框,在该对话框中,输入指定的文件路径和文件名。接着,单击"Save(存入)"按钮或在输入的文件名后按回车键,就完成了该程序的存盘工作。

2. 打开一个已有的C++ 源程序

如果想编辑的源程序已经存在,可通过以下方法将其打开:

(1) 在"我的电脑"或"资源管理器"中按路径找到已有的C++ 程序名(如 lab1_1.cpp)。

(2) 双击此文件名,进入VC++ 集成环境,并打开该文件,程序已显示在源程序编辑窗口中,如图 10.4 所示。或者在VC++ 主窗口中选择"File(文件)"→"Open(打开)"命令,在弹出的"Open(打开)"对话框中,选择要打开的文件后,单击"Open(打开)"按钮后打开。

(3) 若不需修改,可直接进行编译、连接和运行(方法见 10.2.2 节和 10.2.3 节)。

(4) 若需修改,修改后进行编译、连接和运行,修改后的程序自动保存在原来的文件中。

当然也可以在编译前选择“File(文件)→Save(保存)”命令保存该文件；若不想将修改后的程序存放在原先的文件中，也可以选择“File(文件)”→“Save As(另存为)”命令，将它以另一个文件名(例如 test1. cpp)存放。

10.2.2 编译和连接C ++ 程序

1. 程序的编译

选择菜单项“Build(编译)”，出现“Build(编译)”的下拉式菜单，在该下拉式菜单中选择“Compile lab1_1. cpp(编译 lab1_1. cpp)”命令后，系统将对当前的源程序文件 lab1_1. cpp 进行编译，如图 10.6 所示。

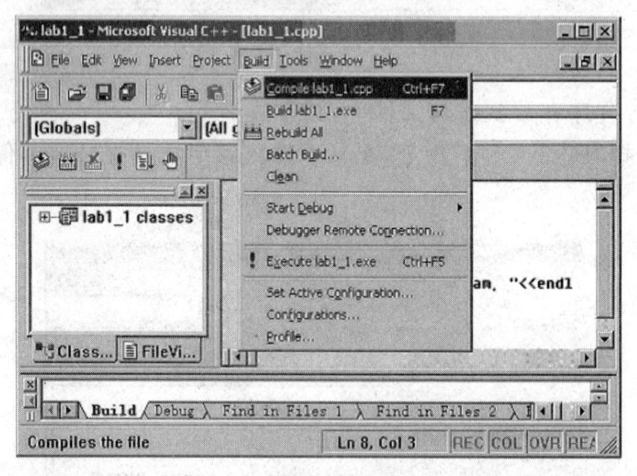

图 10.6

选择“Compile lab1_1. cpp(编译 lab1_1. cpp)”命令后，屏幕上出现一个对话框，内容是“This build command requires an active project workspace. Would you like to create a default project workspace?”(此编译命令要求有一个活动的项目工作区，你是否同意建立一个默认的项目工作区?)，单击“Yes(是)”按钮，表示同意后，开始编译。在编译过程中，编译系统检查源程序中有无语法错误，将所发现的错误显示在屏幕下方的输出窗口中，如图 10.7 所示。

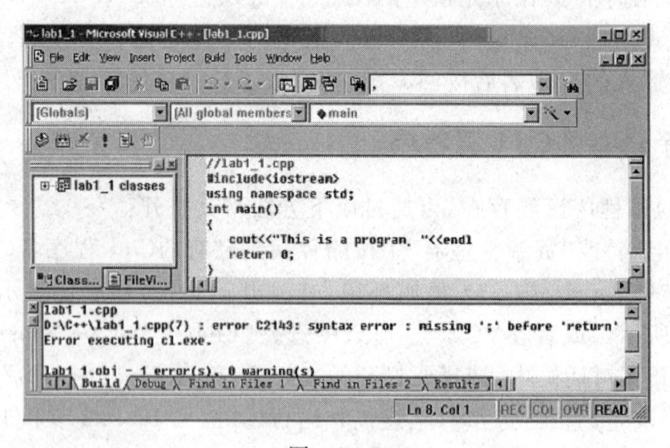

图 10.7

2. 程序的简单调试

一个程序，特别是大型程序，编写完成后往往会存在这样或那样的错误。有些错误在编译阶段由编译系统指出，称为语法错误。其中包括：

• 未定义的标识符(如函数名、变量名、类名等)。

• 数据类型、参数类型及个数不匹配。

• 其他的语法错误。

在 Visual C++ 中，将这些语法错误分为 3 类：fatal error(致命错误)、error(错误)和 warning(警告)。

如果程序中有 fatal error 类型的错误，编译会立即停止，必须采取措施改正并重新启动编译。致命错误是很少的。

如果程序中有 error 类型的语法错误，就不能通过编译，也就无法形成目标程序，当然也不能运行了。

如果程序中有 warning 类型的语法错误，这是一种轻微的语法错误，不影响其生成目标程序和可执行程序，但有可能影响运行的结果，所以也要将其修正。

在编译过程中，编译系统检查源程序中有无语法错误，将所发现的错误显示在屏幕下方的输出窗口中。每个错误都给出其所在的文件名、行号、错误的类型和编号，以及错误的原因。在图 10.7 中的输出窗口中可以看到编译的信息，指出此源程序有一个 error 类型的语法错误，错误的原因是在第 7 行"return"语句之前缺少一个";"号。在输出窗口中双击这个错误，该错误将被高亮显示，在状态栏上显示出错内容，并定位到相应的程序行中，且该程序行的最前面有个箭头标志，如图 10.8 所示。若有多个错误，按 F4 键可显示下一个错误，并定位到相应的源程序行。

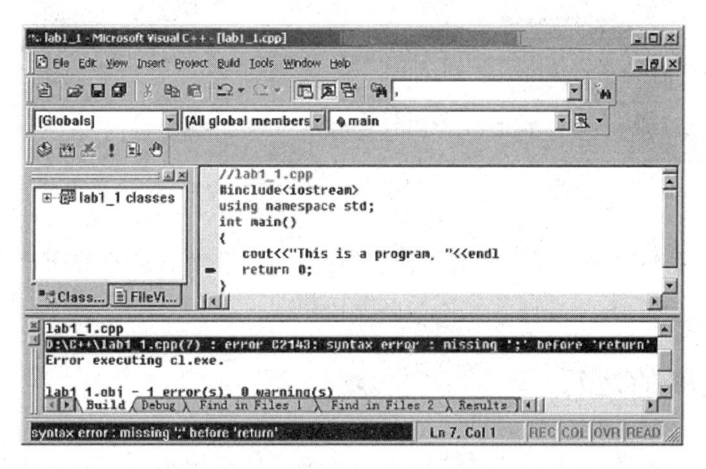

图 10.8

经检查，在源程序的第 6 行 cout 语句的末尾缺少一个";"号。加上了";"号后，再重新编译，如果有错误，再继续修改，直到程序既无 error 错误，又无 warning 错误为止。此时编译信息提示："lab1_1.obj-0 error(s),0 warning(s)"，既没有 error 类型的语法错误，也没有 warning 类型的语法错误，这时产生一个 lab1_1.obj 文件，如图 10.9 所示。

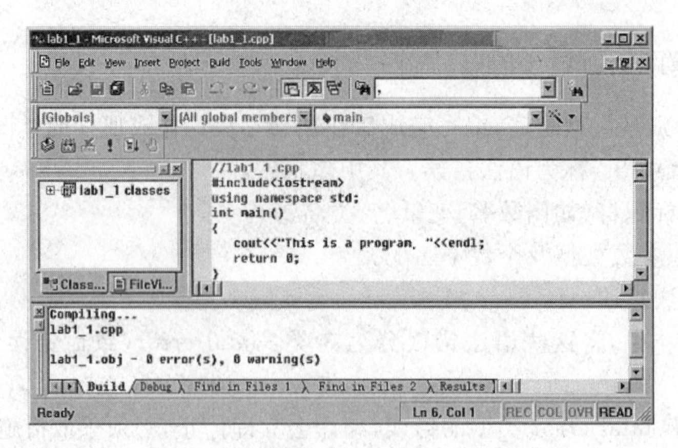

图　10.9

3. 程序的连接

编译无错后，再进行连接，这时选择“Build(编译)”菜单中的“Build lab1_1. exe(构建 lab1_1. exe)”命令。表示要求连接并建立一个可执行文件 lab1_1. exe。这时在输出窗口中显示连接的信息，说明没有发现错误，生成了一个可执行文件 lab1_1. exe，如图 10.10 所示。

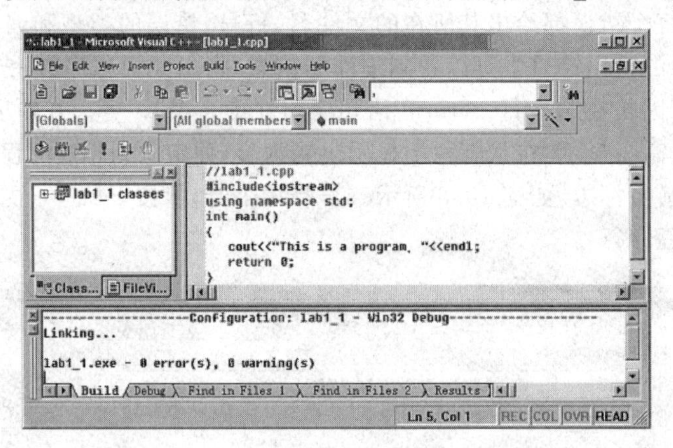

图　10.10

以上介绍的是将程序的编译和连接分步进行，实际上对有经验的用户来说也可直接选择“Build→Build lab1_1. exe”命令一次完成编译和连接。

10.2.3　程序的运行

运行可执行文件的方法是选择“Build(编译)”菜单项中“Execute lab1_1. exe(执行 lab1_1. exe)”命令，则可运行该可执行文件，见图 10.11 所示。

程序执行后，运行结果将显示在另外一个专门用来显示输出结果的窗口中，如图 10.12 所示。

其中，“This is a program. ”是程序运行的结果。“Press any key to continue”是系统自动加上的一行信息，告诉用户“按任何一键就可继续”。此时，按任意键后，将返回到 Visual C++ 的主窗口。

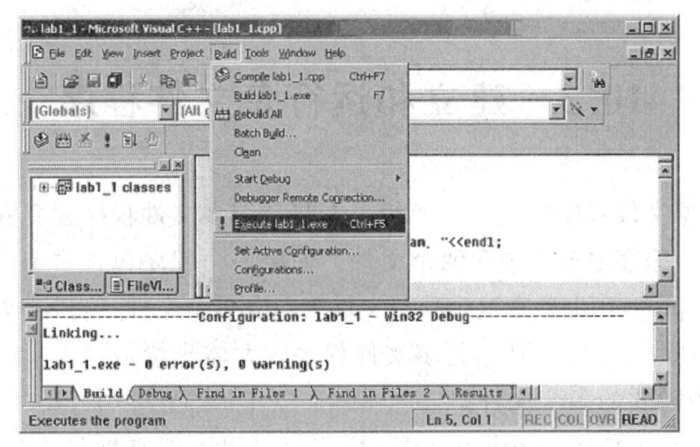

图　10.11

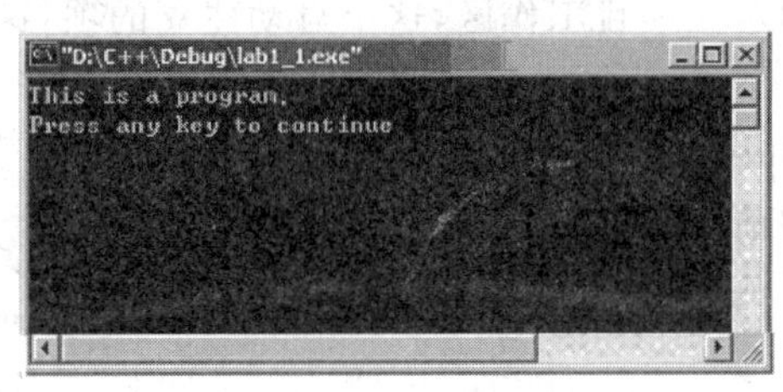

图　10.12

10.2.4　关闭工作区

在以上单文件的建立和运行时，没有建立工作区，也没有建立项目文件，而是直接建立源程序。这主要是考虑到读者大多是初学者，应尽量简化手续。实际上，在编译每一个程序时都需要建立一个工作区，如果用户未指定，系统会自动建立工作区，并赋予它一个默认名（此时以文件名作为工作区名）。

在执行完一个程序，编辑和运行新的程序前，应正确地使用关闭工作区命令来终止这个程序，安全地保护好这个程序。执行“File(文件)”→“Close Workspace(关闭工作区)”命令，结束对该程序的操作（见图 10.13），接着，就可以编辑和运行新程序了。若要退出VC++ 环境，则执行“File(文件)”→“Exit(退出)”命令。

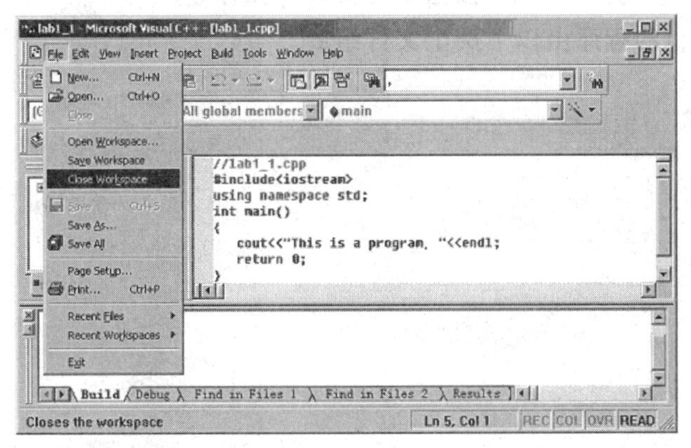

图　10.13

10.3 建立和运行多文件程序

以上介绍的是单文件程序的建立和运行。本节介绍多文件程序建立和运行的方法,所谓多文件程序是指一个程序中至少包含两个文件。如果一个程序包含多个源程序文件,则需要建立一个项目文件(project file),在这个项目文件中包含多个文件(包括源文件和头文件)。

使用 Visual C++ 6.0 建立和运行多文件程序的大体步骤是:

- 编辑程序中需要的多个文件。
- 创建一个项目工作区(workspace)。用户也可以不建立项目工作区,而由系统在建立项目文件时自动建立项目工作区,这个自动建立的项目工作区的名字与项目文件名相同。
- 创建项目文件(project file)。
- 将多个文件添加到项目文件中。
- 编辑和连接项目文件。
- 运行项目可执行文件。

10.3.1 编辑程序中需要的多个文件

编辑程序中多个文件的方法与前面讲述的编辑单文件的方法相同。在主菜单栏中选择"File(文件)"命令,出现一个下拉式菜单,再选择该菜单中的"New(新建)"命令,出现"New(新建)"对话框。在该对话框中,选择"Files(文件)"标签,在它的下拉式菜单中,选择"C++ Source File"选项。然后在选择框的"Location(目录)"文本框中输入源文件的存储路径(例如 D:\C++),在"File(文件)"文本框中输入准备编辑的源程序文件的名字(假如输入 file1.cpp)。单击"OK"按钮后,回到 Visual C++ 主窗口,可以看到光标在源程序编辑窗口中闪烁,此时输入其中的一个文件。用同样的方法再输入该程序的其他文件。每输入一个文件,修改无错后,选择"File(文件)"菜单项的下拉式菜单中的"Save(保存)"或"Save As(另存为)"命令,分别将输入的文件按指定的文件名保存。

假设现在要编辑的程序由以下两个文件组成。

file1.cpp 文件:

```
#include<iostream>
using namespace std;
int add(int,int,int);
int main()
{ int a,b,c;
  a=1;
  b=2;
  c=3;
  cout<<add(a,b,c)<<endl;
```

```
  return 0;
}
```

file2. cpp 文件：

```
int  add(int x,int y,int z)
{
  return x+y+z;
}
```

将上述两个文件按上述方法输入和编辑后，存放在文件路径“D:\C++”中。

10.3.2 创建项目文件

要建立和运行多文件程序，可以先建立项目工作区，然后再建立项目文件，但这种方法步骤比较多。考虑到读者多是初学者，在此介绍一种简化的办法，即用户只建立项目文件，不建立项目工作区，而由系统自动建立项目工作区。具体步骤如下。

创建一个空的项目文件，用来存放该程序的上述两个文件。创建一个空的项目文件的方法如下：

先选择“File(文件)”菜单项的下拉式菜单中的“New(新建)”命令，出现“New(新建)”对话框，选择该对话框中的“Projects(中文版显示为：工程)”标签。在该标签的对话框中，选择“Win32 Console Application”选项。

接着，在该标签的对话框的右侧“Project name(中文版显示为：工程)”文本框内输入一个项目文件名，例如，输入指定的项目文件名 pro1，然后回车。此时，在“Location”文本框内生成一个路径名，该路径名可以修改(假如修改为 D:\C++)，此时可以看到：在右部的中间单选按钮处默认选定了“Create new workspace(创建新工作区)”，这是由于用户未指定工作区，系统会自动开辟一个新工作区(名字与项目文件名相同)，如图 10.14 所示。

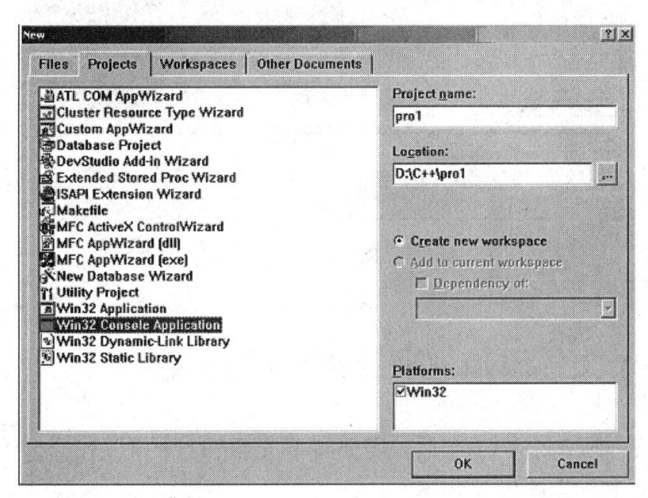

图 10.14

再单击对话框的“OK”按钮。这时，屏幕上出现“Win32 Console Application-Stepl of 1”对话框，如图 10.15 所示。

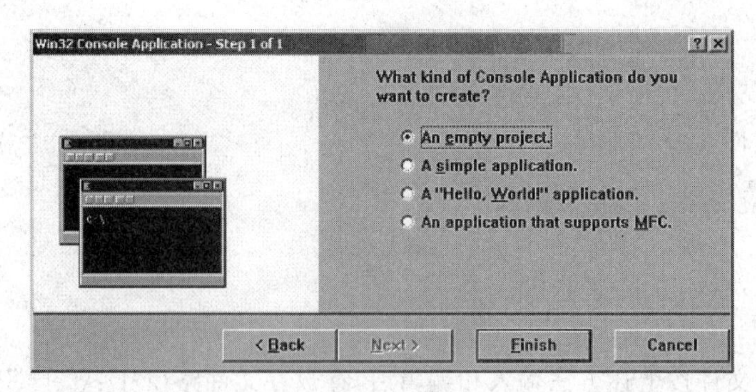

图 10.15

该对话框上方出现提示信息:“What kind of Console Application do you want to create?(请选择你所要创建的控制台应用程序的类型)”,这时选择“An empty project.”选项。单击该对话框下方的“Finish(完成)”按钮。

这时,屏幕上出现“New Project Information(新建工程信息)”对话框,该对话框告诉用户所创建的控制台应用程序新框架项目的特性。单击该对话框下方的“OK”按钮,返回到Visual C++ 6.0主窗口。

在主窗口的左部窗口下方单击“File View”按钮,窗口中显示“Workspace'pro1'1 project(s)”,如图10.16所示。说明系统已自动建立了一个工作区,由于用户未指定工作区,系统将项目文件名pro1同时作为工作区名。

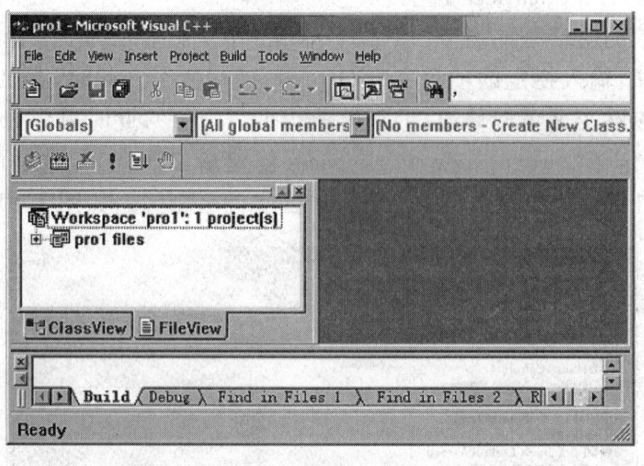

图 10.16

10.3.3 将多个文件添加到项目文件中去

创建了一个空的项目文件pro1后,需要将事先编辑好的file1.cpp和file2.cpp文件添加到项目文件pro1中。具体操作如下。

首先,在Visual C++ 6.0主窗口中,选择菜单栏中“Project(工程)”菜单项,在出现的下拉式菜单中选择“Add To Projects(中文版显示为:添加工程)”命令,在弹出的级联菜单中选择“Files”命令,如图10.17所示。

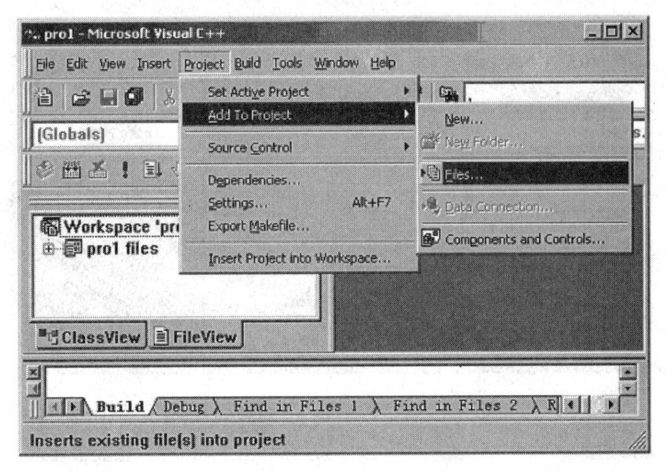

图 10.17

在选择“Files”命令后，弹出“Insert Files into Project”对话框，如图 10.18 所示。在该对话框中，先确定项目文件 pro1，显示在“Insert into(插入到)”框内。打开 file1. cpp 和 file2. cpp 所在的子目录“D:\C++”，选中这两个文件。然后，单击“OK”按钮，则完成添加文件的任务。此时，就把文件 file1. cpp 和 file2. cpp 添加到项目文件 pro1 中了。

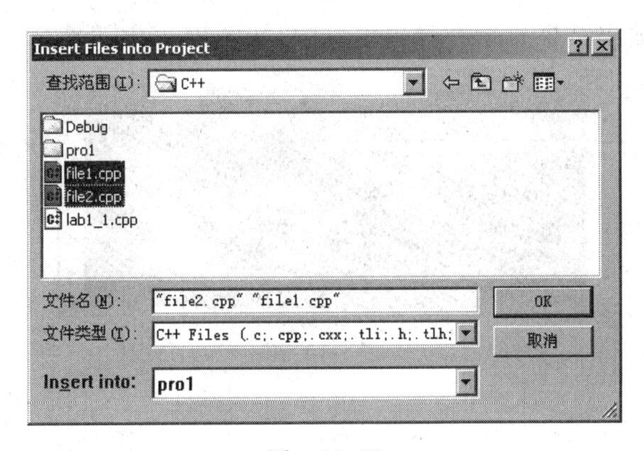

图 10.18

10.3.4 编译和连接项目文件

由于文件 file1. cpp 和 file2. cpp 已被添加到项目文件 pro1 中了。因此只需对项目文件 pro1 进行统一的编译和连接。选择菜单栏中“Build(编译)”菜单项的下拉式菜单中的“Build pro1. exe(构建 pro1. exe)”命令，如图 10.19 所示。

在选择了“Build pro1. exe(构建 pro1. exe)”命令后，系统按顺序编译项目中的各个文件。如果发现错误，将其错误信息显示在输出窗口中，并停止编译。修改其错误后，继续选择“Build pro1. exe”命令，则重新编译。第 1 个文件编译好后，再编译第 2 个文件，直到所有文件都编译好后，再进行连接。连接无错时，生成可执行文件 pro1. exe。

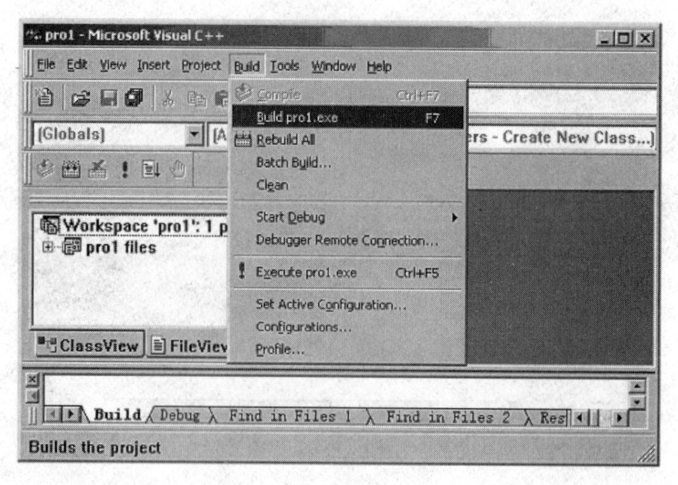

图 10.19

10.3.5 运行项目可执行文件

选择了“Build(编译)”→“Execute pro1.exe(执行 pro1.exe)”命令，就运行项目可执行文件 pro1.exe，并将输出结果显示在弹出窗口中，如图 10.20 所示。

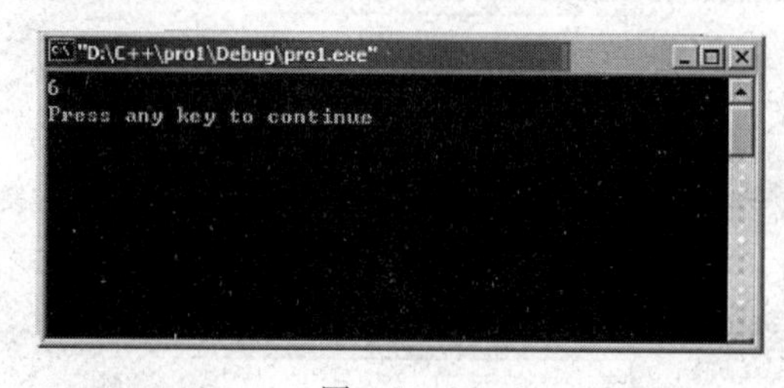

图 10.20

10.3.6 关闭工作区

经过上述步骤，一个C++多文件程序的编写工作就完成了。这时可以选择“File(文件)”→“Close Workspace(关闭工作区)”命令来关闭这个项目的工作区，结束该程序的操作。接着，就可以编辑和运行新程序了。若要退出VC++环境，则执行“File(文件)”→“Exit(退出)”命令。

第11章　在 Visual C++ 2010 环境下调试与运行程序

本章介绍使用 Visual C++ 2010 调试与运行 C++ 源程序的方法。限于篇幅只介绍最基本的调试程序的过程。

示例程序中一个源文件 welcome. cpp，代码如下：

```
#include <iostream>
using namespace std;
int main()
{
    long  account;
    cout<<"请输入你的账号：";
    cin>>account;
    if  (account ==12345 )
        cout<<"欢迎你！"<<"\n ";
    else
        cout<<"账号错误"<<endl;
    return 0;
}
```

本书的所有程序使用 Visual C++ 2010 调试，在此有必要简单地介绍一下使用 Visual C++ 2010 调试 C 程序的步骤和方法。

Visual C++ 2010 是全屏幕编辑环境，编辑、编译、连接、运行都可以在它控制下完成。

1. 启动 Visual C++ 2010

在 Windows 环境下找到“Visual C++ 2010 ”并单击，如图 11.1 所示。

2. 建立一个新的项目

单击工具栏上的“新建项目”图标，如图 11.2 所示（也可以在菜单栏中选择 “文件”→“新建”→“项目”）；调出“新建项目”对话框，选择“Win32 控制台应用程序”选项，如图 11.3 所示；在名称一栏内填写项目名称“My_Project”，如图 11.4 所示；单击“确定”按钮，调出“Win32 应用程序向导”对话框，如图 11.5 所示；单击“下一步”按钮，接着选择“空项目”复选框，如图 11.6 所示，最后单击“完成”按钮。

图 11.1　启动 Visual C++ 2010

图 11.2　“新建项目”图标

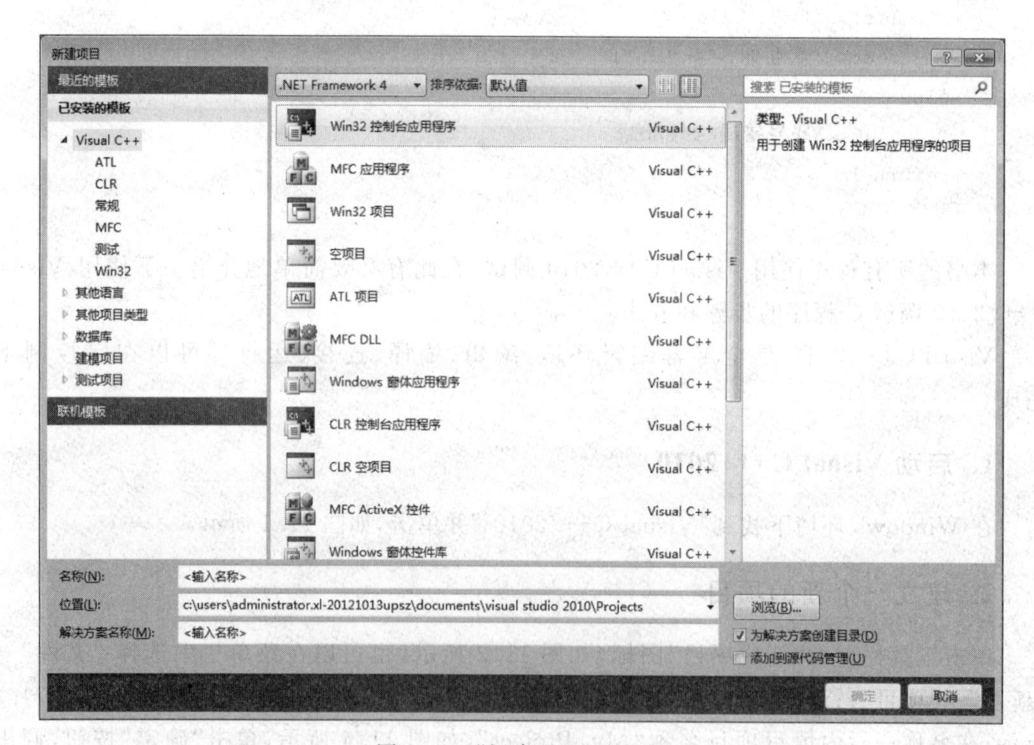

图 11.3　“新建项目”对话框

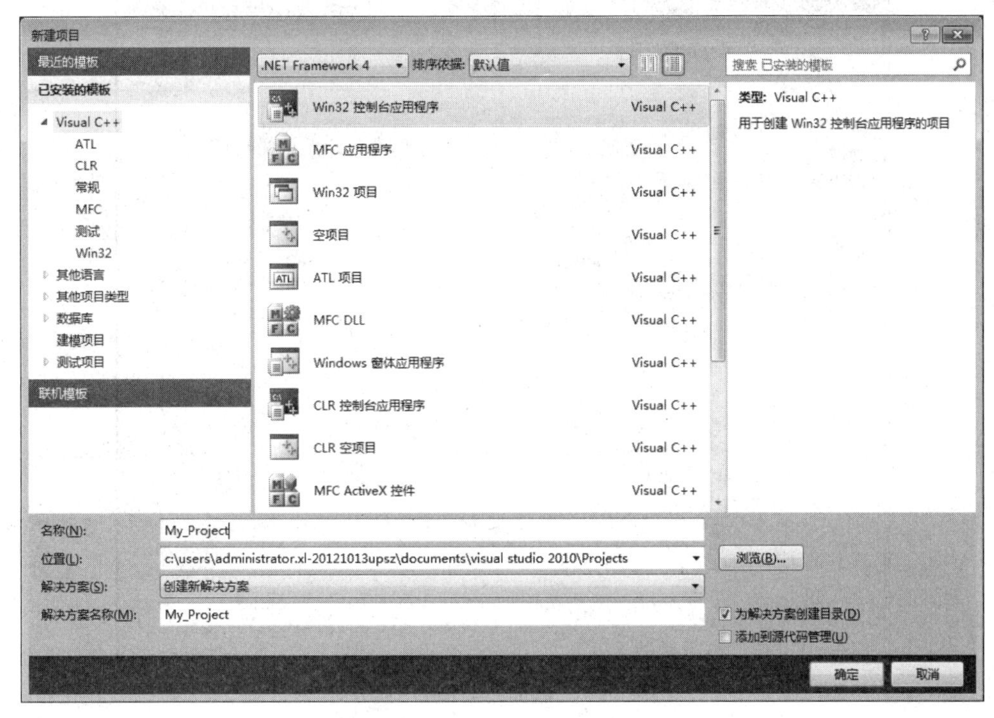

图 11.4　为项目命名

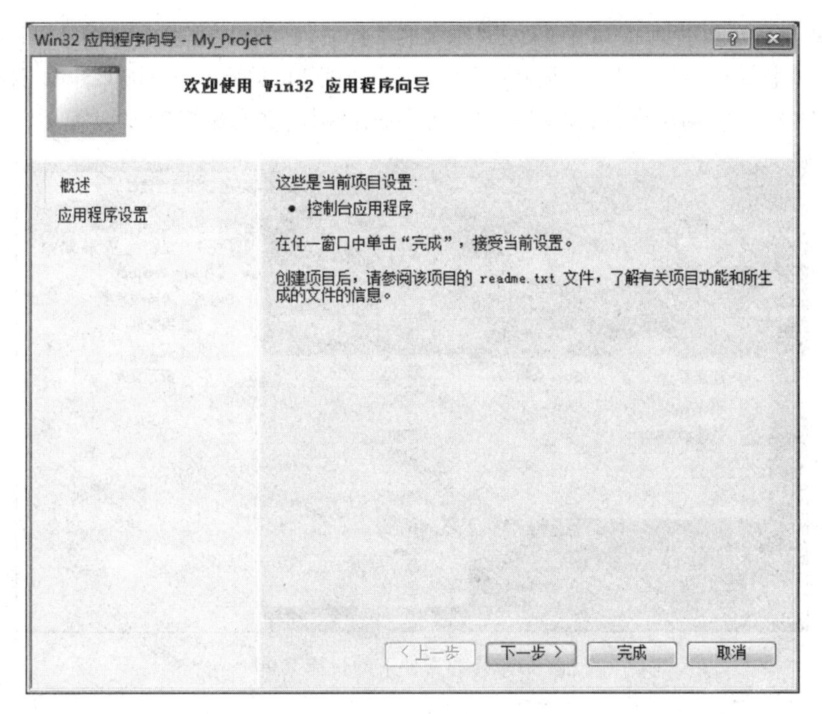

图 11.5　Win32 应用程序向导

图 11.6　Win32 应用程序向导

3. 建立源文件

在解决方案资源管理窗口中,右击“源文件”选项,弹出快捷菜单如图 11.7 所示,单击“添加”→“新建项”命令,调出“添加新项”对话框,如图 11.8 所示,单击“C++ 文件(.cpp)”选项,输入文件名“My-Project.cpp”,单击“添加”按钮,调出文本编辑窗口。

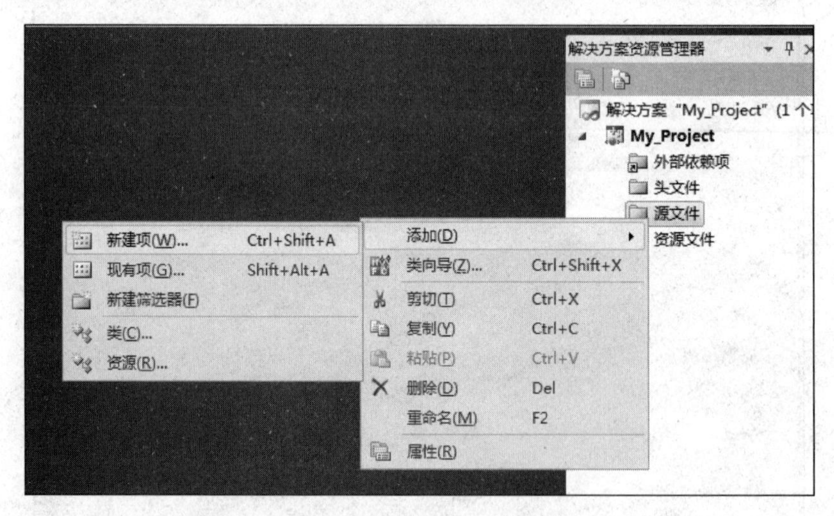

图 11.7　源文件下的快捷菜单

图 11.8　添加新项对话框

4. 输入代码并运行

文本编辑窗口输入代码，如图 11.9 所示；单击“生成”菜单中“编译”命令，对源文件进行编译，如图 11.10 所示；编译成功后，单击“生成”菜单中“编译”命令，得到编译通过的提示，如图 11.11 所示。现在可以执行程序了，单击“调试”菜单的“开始执行(不调试)”执行程序，如图 11.12 所示；程序运行结果如图 11.13 所示。

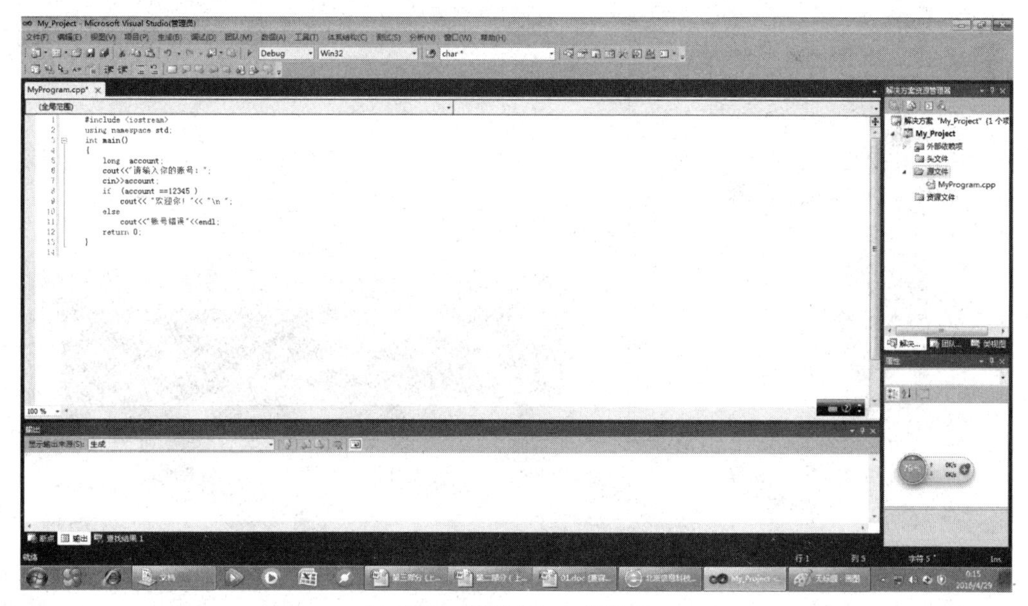

图 11.9　源程序文本编辑窗口

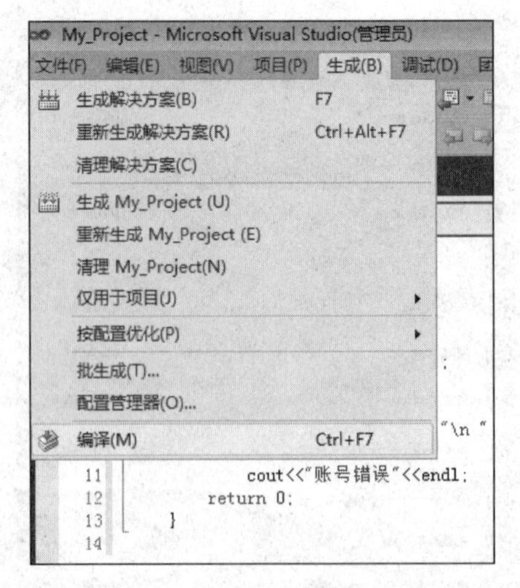

图 11.10　编译命令

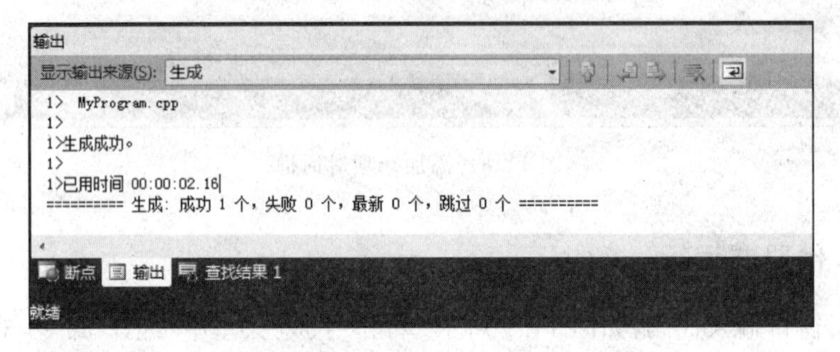

图 11.11　编译结果

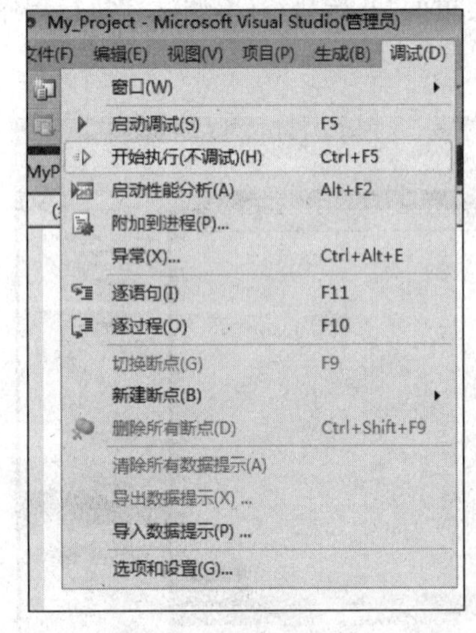

图 11.12　执行源程序

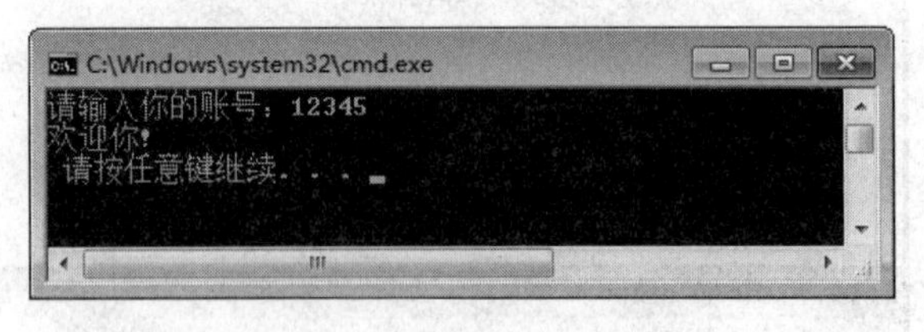

图 11.13　程序运行结果

5. 保存代码

单击工具栏中的“全部保存”按钮保存代码。

第12章　C++上机实验题

12.1　实验1　Visual C++ 6.0集成开发环境的初步使用

12.1.1　实验目的和要求

(1) 熟悉 Visual C++ 6.0 的集成开发环境。

(2) 学会使用 Visual C++ 6.0 编辑、编译、连接和运行C++的单文件程序的方法。

(3) 初步了解C++源程序的基本结构,学会使用简单的输入输出操作。

12.1.2　实验内容和步骤

1. 编辑、编译、连接和运行以下的C++单文件程序。

```
//test1_1.cpp
#include<iostream>
using namespace std;
int main()
{ cout<<"Hello!\n";
  cout<<"This is a program."<<endl;
  return 0;
}
```

【实验步骤】

在第一次上机时,按以下步骤建立和运行C++程序:

(1) 先进入 Visual C++ 6.0 环境。

(2) 编辑C++源程序。按照第9章介绍的单文件程序的编辑方法,在自己指定的子目录中(例如 D:\C++)建立一个名为 test1_1.cpp 的新文件(此时尚未向文件输入内容),并从键盘输入以上的源程序。

(3) 编译C++程序。选择"Build(编译)→Compile test1_1.cpp(编译 test1_1.cpp)"命令,对此源程序进行编译。观察和分析编译信息。(注:以上括号中的内容是 Visual C++ 6.0 中文版中的中文显示,以下同。)

根据编译信息指出的错误,修改程序,再进行编译。如果还有错,再重复此过程,直到编译信息提示:"test1_1.obj-0 error(s),0 waning(s)",既没有 error 类型的语法错误,也没有 warning 类型的语法错误,这时产生一个 test1_1.obj 文件。

(4) 连接C++ 程序。选择“Build(编译)”→“Build test1_1. exe(构建 test1_1. exe)”命令,对程序进行连接,如果不出错,就会生成可执行程序 test1_1. exe。

(5) 运行C++ 程序。选择“Build→Execute test1_1. exe(执行 test1_1. exe)”命令,执行可执行程序 test1_1. exe。观察屏幕的变化。在输出窗口应显示如下运行结果:

```
Hello!
This is a program.
```

(6) 分析运行结果。分析结果是否正确,如果不正确或认为输出格式不理想,可以修改程序,然后重新执行以上步骤。

(7) 关闭工作空间。在执行完一个程序,编辑和运行新的程序前,应执行“File(文件)”→“Close Workspace(关闭工作区)”命令,则结束对该程序的操作。若要退出VC++ 环境,则执行“File(文件)→Exit(退出)”命令。

2. 编译下列程序,改正程序中出现的错误,并写出输出结果。

(1)

```
//test1_2_1_1.cpp
#include<iostream>
using namespace std;
int main()
{
  cin>>a;                                  //语句 1
  int b=3*a;                               //语句 2
  cout<<"b=<<b<<\n";                       //语句 3
  return 0;
}
```

(2)

```
//test1_2_2_1.cpp
int main()
{ cout<<"Hello!\n";
  cout<<"Welcome to C++ !"
}
```

(3)

```
//test1_2_3_1.cpp
#include<iostream>
using namespace std;
int main()
{ int x,y;
  x=5;
  y=6;
  int z=x*y;
  cout<<"x*y="<<z<<endl;
  return 0;
)
```

3. 请填空完成程序 test1_3_1.cpp，上机调试、运行并写出输出结果。

```
//test1_3_1.cpp
#include<iostream>
using namespace std;
int add(int a,int b);
int main()
{ int x,y,sum;
  cout<<"Enter two numbers:"<<'\n';
  //在下划线处填上语句，完成用 cin 读入 x 和 y
  ____________
  ____________
  sum=add(x,y);
  cout<<"The sum is:"<<sum<<'\n';
  return 0;
}
int add(int a,int b)
{
  //在下划线处填上语句，完成计算 a 与 b 的和并返回之
  ____________
}
```

12.2　实验 2　C++简单程序设计练习

12.2.1　实验目的和要求

(1) 进一步熟悉 Visual C++ 6.0 的集成开发环境。

(2) 进一步熟悉使用 Visual C++ 6.0 编辑、编译、连接和运行C++ 多文件程序的方法。

(3) 了解C++ 在非面向对象方面对 C 功能的扩充与增强。

12.2.2　实验内容和步骤

1. 编辑、编译、连接和运行以下的C++ 多文件程序。

```
// file1.cpp
#include<iostream>
using namespace std;
int add(int a,int b);
int main()
{ int x, y, sum;
  cout<<"Enter two numbers:"<<endl;
  cin>>x;
```

```
  cin>>y;
  sum=add(x,y);
  cout<<"The sum is: "<<sum<<endl;
  return 0;
}
//file2.cpp
int add(int a,int b)
{ int c;
  c=a+b;
  return c;
}
```

【实验步骤】

按以下步骤建立和运行C++程序:

(1) 先进入 Visual C++ 6.0 环境。

(2) 编辑该程序的多个文件。按照前面介绍的单文件程序的编辑方法,将以上多文件程序中的两个文件分别进行编辑后,以 file1.cpp 和 file2.cpp 的名字存放在子目录"D:\C++"中。

如果一个程序包含有更多的文件,则按此方法,将每一个文件编辑好后存入盘中。

(3) 创建一个空的项目文件。先选择"File(文件)"菜单项的下拉式菜单中的"New(新建)"命令,出现"New(新建)"对话框,选择该对话框中的"Projects(中文版显示为:工程)"标签。在该标签的对话框中,选择"Win32 Console Application"选项。

接着,在该标签的对话框的右侧"Project name(中文版显示为:工程)"文本框内输入一个项目文件名,例如,输入你指定的项目文件名 file,然后回车。此时,在"Location"文本框内生成一个路径名,该路径名可以修改(假如修改为 D:\C++),此时可以看到:在右部的中间单选按钮处默认选定了"Create new workspace(创建新工作区)",这是由于用户未指定工作区,系统会自动开辟一个新工作区(名字与项目文件名相同)。

单击对话框的"OK"按钮。这时,屏幕上出现"Win32 Console Application-Step 1 of 1"对话框。该对话框上方出现提示信息:"What kind of Console Application do you want to create?(请选择你所要创建的控制台应用程序的类型)",这时选择"An empty project"选项。单击该对话框下方的"Finish(完成)"按钮。这时,屏幕上出现"New Project Information(新建工程信息)"对话框,该对话框告诉用户所创建的控制台应用程序新框架项目的特性。单击该对话框下方的"OK"按钮,返回到 Visual C++ 6.0 主窗口。项目文件 file 创建结束。

(4) 将文件添加到项目文件中。创建了一个空的项目文件 file 后,需要将事先编辑好的 file1.cpp 和 file2.cpp 文件添加到项目文件中。具体操作如下:

首先,在 Visual C++ 6.0 主窗口中,选择菜单栏中"Project(工程)"菜单项,在出现的下拉式菜单中选择"Add To Projects(中文版显示为:添加工程)"命令,在弹出的级联菜单中选择"Files"命令,弹出"Insert Files into Project"对话框,在该对话框中,先确定项目文件 file,显示在"Insert into(插入到)"框内。打开 file1.cpp 和 file2.cpp 所在的子目录"D:\

C++”,选择这两个文件名字,即单击第1个文件名,再按住Shift键单击第2个文件名字,它们都出现在“文件名”文本框中,然后单击“OK”按钮,则完成添加文件的任务。此时,就把文件file1.cpp和file2.cpp添加到项目文件file中了。

(5) 编译和连接项目文件。选择菜单栏中“Build(编译)”菜单项的下拉式菜单中的“Build file.exe(构建file.exe)”命令,系统按顺序编译项目中的各个文件。如果发现错误,将其错误信息显示在输出窗口中,并停止编译。修改其错误后,继续选择“Build file.exe”命令,则重新编译。第1个文件编译好后,再编译第2个文件,直到所有文件都编译好后,再进行连接。连接无错时,生成可执行文件file.exe。

(6) 运行项目可执行文件。选择了“Build(编译)→Execute file.exe(执行file.exe)”命令,便可运行可执行文件程序file.exe,当按照提示信息,输入了两个数后,输出结果显示在弹出窗口中。

2. 输入以下程序,进行编译,如果有错误,请修改程序,直到没有错误,然后进行连接和运行,并分析运行结果。

```
//test2_2_1.cpp
#include<iostream>
using namespace std;
int main()
{ void fun(int,int&);
  int x,y;
  fun(3,x);
  fun(4,y);
  cout<<"x+y=<<x+y<<endl;
  return 0;
}
void fun(int m,int &n)
{ n=m*5
}
```

3. 编写一个程序,用来分别求2个整数、3个整数、2个双精度数和3个双精度数的最大值。要求使用重载函数来完成。

4. 编写一个程序,任意从键盘输入两个字符,能将它们按由大到小的顺序输出。要求程序中有一个交换两个字符的函数,其形参是变量的引用。

5. 编写一个程序,对一个整型数组的元素求和,结果使用全局变量sum存储,另外对数组元素中的奇数求和,结果使用局部变量sum存储,在主程序将两个结果输出。本题要求体会和理解作用域运算符的概念与基本使用方法。

6. 编写一个程序,声明一个双精度型指针变量,使用运算符new动态分配一个double型存储区,将首地址赋给该指针变量,并输入一个数到该存储区中。计算以该数为半径的圆的面积,并在屏幕上显示出来,最后使用运算符delete释放该空间。

12.3 实验3 类和对象

12.3.1 实验目的和要求

(1) 理解类和对象的概念,掌握声明类和定义对象的方法。
(2) 掌握构造函数和析构函数的实现方法。
(3) 初步掌握使用类和对象编制C++ 程序。
(4) 掌握对象数组、对象指针和 string 类的使用方法。
(5) 掌握使用对象、对象指针和对象引用作为函数参数的方法。
(6) 掌握类对象作为成员的使用方法。
(7) 掌握静态数据成员和静态成员函数的使用方法。
(8) 理解友元的概念和掌握友元的使用方法。

12.3.2 实验内容和步骤

1. 输入下列程序。

```
//test4_1.cpp
#include<iostream>
using namespace std;
class Coordinate
{ public:
    Coordinate(int x1,int y1)
    { x=x1;
      y=y1;
    }
    Coordinate(Coordinate &p);
    ~Coordinate()
    { cout<<"Destructor is calleded\n";}
    int getx()
    { return x; }
    int gety()
    { return y; }
  private:
    int x,y;
};
Coordinate::Coordinate(Coordinate &p)
{ x=p.x;
  y=p.y;
  cout<<"Copy-initialization Constructor is called\n";
```

```
}
int main()
{ Coordinate p1(3,4);
  Coordinate p2(p1);
  Coordinate p3=p2;
  cout<<"p3=("<<p3.getx()<<","<<p3.gety()<<")\n";
  return 0;
}
```

(1) 写出程序的运行结果。

(2) 将 Coordinate 类中带有两个参数的构造函数进行修改，在函数体内增添下述语句：

```
cout<<"Constructor is Called.\n";
```

写出程序的运行结果，并解释输出结果。

(3) 按下列要求进行调试：

在主函数体内，添加下列语句：

```
Coordinate p4;
Coordinate p5(2);
```

调试程序时会出现什么错误？为什么？如何对已有的构造函数进行适当修改？

(4) 经过以上第(2)步和第(3)步的修改后，结合运行结果分析：创建不同的对象时会调用不同的构造函数。

2. 设计一个 4 * 4 魔方程序，让魔方的各行值的和等于各列值的和，并且等于两对角线值的和。例如以下魔方：

```
31   3   5  25
 9  21  19  15
17  13  11  23
 7  27  29   1
```

各行、各列以及两对角线值的和都是 64。

【提示】

求 4 * 4 魔方的一般步骤如下：

(1) 设置初始魔方的起始值和相邻元素之间的差值。例如上述魔方的初始魔方的起始值(first)和相邻元素之间的差值(step)分别为：

```
first=1
step=2
```

(2) 设置初始魔方元素的值。例如上述魔方的初始魔方为：

```
 1   3   5   7
 9  11  13  15
17  19  21  23
25  27  29  31
```

(3) 生成最终魔方。方法如下：

① 求最大元素值与最小元素值的和 sum，该实例的 sum 是：

```
1+31=32
```

② 用 32 减去初始魔方所有对角线上元素的值，然后将结果放在原来的位置，这样就可求得最终魔方。本例最终魔方如下：

```
31   3   5  25
 9  21  19  15
17  13  11  23
 7  27  29   1
```

本题的魔方类 magic 的参考框架如下：

```
class magic                                  //声明魔方类 magic
{ public:
    void getdata();                          //输入初值成员函数
    void setfirstmagic();                    //设置初始魔方成员函数
    void generatemagic();                    //生成最终魔方成员函数
    void printmagic();                       //显示魔方成员函数
  private:
   int m[4][4];
   int step;                                 //相邻元素之间的差值
   int first;                                //起始值
   int sum;                                  //最大元素值和最小元素值的和
};
```

3. 设计一个用来表示直角坐标系的 Location 类，在主程序中创建类 Location 的两个对象 A 和 B，要求 A 的坐标点在第 3 象限，B 的坐标点在第 2 象限，分别采用成员函数和友元函数计算给定两个坐标点之间的距离，要求按如下格式输出结果：

```
A(x1,y1), B(x2,y2)
Distance1=d1
Distance2=d2
```

其中：x1、y1、x2、y2 为指定的坐标值，d1 和 d2 为两个坐标点之间的距离。

【提示】

类 Location 的参考框架如下：

```
class Location {
  public:
    Location(double,double);                        //构造函数
    double Getx()                                   //成员函数，取 x 坐标的值
    double Gety()                                   //成员函数，取 y 坐标的值
    double distance(Location&);                     //成员函数，求给定两点之间的距离
    friend double distance(Location &,Location &);  //友元函数，求给定两点之间的距离
  private:
```

```
    double x,y;
};
```

4. 声明一个 Student 类,在该类中包括一个数据成员 score(分数)、两个静态数据成员 total_score(总分)和 count(学生人数);还包括一个成员函数 account()用于设置分数、累计学生的成绩之和、累计学生人数,一个静态成员函数 sum()用于返回学生的成绩之和,另一个静态成员函数 average()用于求全班成绩的平均值。在 main 函数中,输入某班同学的成绩,并调用上述函数求出全班学生的成绩之和和平均分。

5. 使用C++ 的 string 类,将 5 个字符串按逆转后的顺序显示出来。例如,逆转前的 5 个字符串是:

```
Germany Japan America Britain France
```

按逆转后的顺序输出字符串是:

```
France Britain America Japan Germany
```

12.4 实验 4 派生类与继承

12.4.1 实验目的和要求

(1) 掌握派生类的声明方法和派生类构造函数的定义方法。

(2) 掌握不同继承方式下,基类成员在派生类中的访问属性。

(3) 掌握在继承方式下,构造函数与析构函数的执行顺序与构造规则。

(4) 学习虚基类在解决二义性问题中的作用。

12.4.2 实验内容和步骤

1. 输入下列程序。

```
//test4_1.cpp
#include<iostream>
using namespace std;
class Base{
  public:
    void setx(int i)
    { x=i; }
    int getx()
    { return x;}
  public:
    int x;
};
```

```
class Derived :public Base{
  public:
    void sety(int i)
    { y=i;}
    int gety()
    { return y;}
    void show()
    { cout<<"Base::x="<<x<<endl;                    //语句 1
  }
  public:
    int y;
};
int main()
{ Derived bb;                                       //语句 2
  bb.setx(16);                                      //语句 3
  bb.sety(25);                                      //语句 4
  bb.show();                                        //语句 5
  cout<<"Base::x="<<bb.x<<endl;                     //语句 6
  cout<<"Derived::y="<<bb.y<<endl;                  //语句 7
  cout<<"Base::x="<<bb.getx()<<endl;                //语句 8
  cout<<"Derived::y="<<bb.gety()<<endl;             //语句 9
  return 0;
}
```

(1) 写出程序的运行结果。

(2) 按以下要求,对程序进行修改后再调试,指出调试中出错的原因。

① 将基类 Base 中数据成员 x 的访问权限改为 private 时,会出现哪些错误? 为什么?

② 将基类 Base 中数据成员 x 的访问权限改为 protected 时,会出现哪些错误? 为什么?

③ 在原程序的基础上,将派生类 Derived 的继承方式改为 private 时,会出现哪些错误? 为什么?

④ 在原程序的基础上,将派生类 Derived 的继承方式改为 protected 时,会出现哪些错误? 为什么?

2. 编写一个学生和教师的数据输入和显示程序。学生数据有编号、姓名、性别、年龄、系别和成绩,教师数据有编号、姓名、性别、年龄、职称和部门。要求将编号、姓名、性别、年龄的输入和显示设计成一个类 Person,并作为学生类 Student 和教师类 Teacher 的基类。

供参考的类结构如下:

```
class Person{
  ⋮
};
class Student: public Person{
  ⋮
};
```

```
class Teacher: public Person{
  ⋮
};
```

3. 按要求阅读、编辑、编译、调试和运行以下程序。

(1) 阅读、编辑、编译、调试和运行以下程序，并写出程序的运行结果。

```
//test4_3_1.cpp
#include<iostream>
#include<string>
using namespace std;
class MyArray {                                    //声明一个基类 MyArray
  public:
    MyArray(int leng);                             //构造函数
    ~MyArray();                                    //析构函数
    void Input();                                  //输入数据的成员函数
    void Display(string);                          //输出数据的成员函数
  protected:
    int * alist;                                   //基类中存放一组整数
    int length;                                    //整数的个数
};
MyArray::MyArray(int leng)
{ if(leng<=0)
  { cout<<"error length";
    exit(1);
  }
  alist=new int [leng];
  length=leng;
  if(alist==NULL)
  { cout<<"assign failure";
    exit(1);
  }
  cout<<"MyArray 类对象已创建。"<<endl;
}
MyArray::~MyArray()
{ delete[] alist;
  cout<<"MyArray 类对象被撤销。"<<endl;
}
void MyArray::Display(string str)                       //显示数组内容
{ int i;
  int * p=alist;
  cout<<str<<length <<"个整数: ";
  for(i=0;i<length;i++,p++)
    cout<< * p<<"";
  cout<<endl;
}
void MyArray::Input()                                   //从键盘输入若干整数
```

```
{ cout<<"请从键盘输入"<< length <<"个整数：";
  int i;
  int * p=alist;
  for(i=0;i<length;i++,p++)
     cin>> * p;
}
int main()
{ MyArray a(5);
  a.Input();                                          //输入整数
  a.Display("显示已输入的");                          //显示已输入的整数
  return 0;
}
```

(2) 声明一个类 SortArray 继承类 MyArray，在该类中定义一个函数，具有将输入的整数从小到大进行排序的功能。

【提示】

在第(1)步的基础上可增加下面的参考框架：

```
class SortArray : public MyArray {
  public:
    void Sort();
    SortArray(int leng):MyArray(leng)
    { cout<<"SortArray 类对象已创建。"<<endl;
    }
    virtual ~SortArray();
};
SortArray::~SortArray()
{ cout<<"SortArray 类对象被撤销。"<<endl;
}
void SortArray :: Sort()
{
    //请自行编写 Sort 函数的代码，将输入的整数从小到大排序。
}
//并将主函数修改为：
int main()
{ SortArray s(5);
  s.Input();                                   //输入整数
  s.Display("显示排序以前的");                 //显示排序以前的整数
  s.Sort();                                    //进行排序
  s.Display("显示排序以后的");                 //显示排序以后的整数
  return 0;
}
```

(3) 声明一个类 ReArray 继承类 MyArray，在该类中定义一个函数，具有将输入的整数进行倒置的功能。

【提示】

在第(1)步的基础上可增加下面的参考框架：

```
class ReArray: public MyArray {
  public:
    void Reverse();
    ReArray(int leng);
    virtual ~ReArray();
};
```

请读者自行编写构造函数、析构函数和倒置函数 ReArray,以及修改主函数。

(4) 声明一个类 AverArray 继承类 MyArray ,在该类中定义一个函数，具有求输入的整数平均值的功能。

【提示】

在第(1)步的基础上增加下面的参考框架：

```
class AverArray : public MyArray {
  public:
    AverArray(int leng);
    ~AverArray();
    double Aver();
};
```

请读者自行编写构造函数、析构函数和求平均值函数 Aver(求解整数的平均值),以及修改主函数。

(5) 声明一个 NewArray 类,同时继承了类 SortArray、ReArray 和 AverArray,使得类 NewArray 的对象同时具有排序、倒置和求平均值的功能。在继承的过程中声明 MyArray 为虚基类,体会虚基类在解决二义性问题中的作用。

12.5 实验 5 多态性

12.5.1 实验目的和要求

(1) 了解多态性的概念。

(2) 掌握运算符重载的基本方法。

(3) 掌握虚函数的定义和使用方法。

(4) 掌握纯虚函数和抽象类的概念和用法。

12.5.2 实验内容和步骤

1. 分析并调试下列程序,写出程序的输出结果,并解释输出结果。

```
//test5_1.cpp
#include<iostream>
```

```
using namespace std;
class B{
  public:
    virtual void f1(double x)
    { cout<<"B::f1(double)"<<x<<endl;
    }
    void f2(double x)
    { cout<<"B::f2(double)"<<2*x<<endl;
    }
    void f3(double x)
    { cout<<"B::f3(double)"<<3*x<<endl;
    }
};
class D:public B{
  public:
    virtual void f1(double x)
    { cout<<"D::f1(double)"<<x<<endl;
    }
    void f2(int x)
    { cout<<"D::f2(int)"<<2*x<<endl;
    }
    void f3(double x)
    { cout<<"D::f3(double)"<<3*x<<endl;
    }
};
int main()
{ D d;
  B*pb=&d;
  D*pd=&d;
  pb->f1(1.23);                              //语句 1
  pd->f1(1.23);                              //语句 2
  pb->f2(1.23);                              //语句 3
  pb->f3(1.23);                              //语句 4
  pd->f3(3.14);                              //语句 5
  return 0;
}
```

2. 编写一个程序,其中设计一个时间类 Time,用来保存时、分、秒等私有数据成员,通过重载操作符“+”实现两个时间的相加。要求将小时范围限制在大于等于 0,分钟范围限制在 0～59 分,秒钟范围限制在 0～59 秒。

【提示】

时间类 Time 的参考框架如下:

```
class Time{
  public:
    Time(int h=0,int m=0,int s=0);               //构造函数
    Time operator+(Time&);                       //运算符重载函数, 实现两个时间的相加
```

```
    void disptime(string);                        //输出时间函数
  private:
    int hours;                                    //小时
    int minutes;                                  //分钟
    int seconds;                                  //秒钟
};
```

3. 给出下面的抽象基类 container：

```
class container{                                  //声明抽象类 container
  protected:
    double radius;
  public:
    container(double radius1);                    //抽象类 container 的构造函数
    virtual double surface_area()=0;              //纯虚函数 surface_area
    virtual double volume()=0;                    //纯虚函数 volume
};
```

要求建立 3 个继承 container 的派生类 cube、sphere 与 cylinder，让每一个派生类都包含虚函数 surface_area()和 volume()，分别用来计算正方体、球体和圆柱体的表面积及体积。要求写出主程序，应用C++ 的多态性，分别计算边长为 6.0 的正方体、半径为 5.0 的球体，以及半径为 5.0 和高为 6.0 的圆柱体的表面积和体积。

4. 编写一个程序，用于进行集合的并、差和交运算。例如输入整数集合{9 5 4 3 6 7}和{2 4 6 9}，计算出它们进行集合的并、差和交运算后的结果。

【提示】

(1) 可用以下表达式实现整数集合的基本运算：

```
s1+s2    两个整数集合的并运算
s1-s2    两个整数集合的差运算
s1*s2    两个整数集合的交运算
```

(2) 参考以下 Set 类的框架，用于完成集合基本运算所需的各项功能。

```
class Set{
  public:
    Set::Set();
    void Set::input(int d);              //向集合中添加一个元素
    int Set::length();                   //返回集合中的元素个数
    int Set::getd(int i);                //返回集合中位置 i 的元素
    void Set::disp();                    //输出集合的所有元素
    Set Set::operator+(Set s1);          //成员运算符重载函数,实现两集合的并运算
    Set Set::operator-(Set s1);          //成员运算符重载函数,实现两集合的差运算
    Set Set::operator*(Set s1);          //成员运算符重载函数,实现两集合的交运算
    Set Set::operator=(Set s1);          //成员运算符重载函数,实现两集合的赋值运算
  protected:
    int len;                             //统计集合中元素的个数
    int s[MAX];                          //存放集合中的元素
};
```

12.6 实验6 模板与异常处理

12.6.1 实验目的和要求

(1) 正确理解模板的概念。
(2) 掌握函数模板和类模板的声明和使用方法。
(3) 学习简单的异常处理方法。

12.6.2 实验内容和步骤

1. 分析并调试下列程序,写出运行结果并分析原因。
(1)

```
//test6_1_1.cpp
#include<iostream>
using namespace std;
template<typename T>
T max(T x,T y)                                        //函数模板
{ return x>y?x:y;
}
int max(int a,int b)                                  //非模板函数
{ return a>b?a:b;
}
double max(double a,double b)                         //非模板函数
{ return a>b?a:b;
}
int main()
{ cout<<"max('3','7') is "<<max('3','7')<<endl;
  return 0;
}
```

(2)

```
//test6_1_2.cpp
#include<iostream>
using namespace std;
int max(int a,int b)                                  //非模板函数
{ return a>b?a:b;
}
double max(double a,double b)                         //非模板函数
{ return a>b?a:b;
}
int main()
```

```
{ cout<<"max('3','7') is "<<max('3','7')<<endl;
  return 0;
}
```

2. 编写一个求任意类型数组中最大元素和最小元素的程序,要求将求最大元素和最小元素的函数设计成函数模板。

3. 编写一个程序,使用类模板对数组元素进行排序、倒置、查找和求和。

【提示】

设计一个类模板

```
template<class Type>
class Array{
   ⋮
};
```

具有对数组元素进行排序、倒置、查找和求和功能,然后产生类型实参分别为 int 型和 double 型的两个模板类,分别对整型数组与双精度数组完成所要求的操作。

4. 编写一个程序,求输入数的平方根。设置异常处理,对输入负数的情况给出提示。

12.7 实验 7 C++ 的流类库与输入输出

12.7.1 实验目的和要求

(1) 掌握C++ 格式化的输入输出方法。

(2) 掌握重载运算符“<<”和“>>”的方法。

(3) 掌握磁盘文件的输入输出方法。

12.7.2 实验内容和步骤

1. 下面给出的 test7_1_1.cpp 程序用于打印九九乘法表,但程序中存在错误。请上机调试,使得此程序运行后, 能够输出如下所示的九九乘法表。

```
*   1   2   3   4   5   6   7   8   9
1   1
2   2   4
3   3   6   9
4   4   8   12  16
5   5   10  15  20  25
6   6   12  18  24  30  36
7   7   14  21  28  35  42  49
8   8   16  24  32  40  48  56  64
9   9   18  27  36  45  54  63  72  81
```

```
//test7_1_1.cpp
```

```
#include<iostream>
#include<iomanip>
using namespace std;
int main()
{ int i,j ;
  cout<<"*";
  for(i=1; i<=9; i++)
    cout<<i<<"  ";
  cout<<endl;
  for(i=1;i<=9; i++)
  { cout<<i;
    for(j=1; j<=i; j++)
      cout<<i*j;
  }
  return 0;
}
```

2. 下面的程序用于统计文件 xyz.txt 中的字符个数，请填空完成程序。

```
//test7_2_1.cpp
#include<iostream>
#include<fstream>
using namespace std;
int main()
{ char ch;
  int i=0;
  ifstream file;
  file.open("xyz.txt",ios::in);
  if(___①___)
  {
    cout<<"xyz.txt cannot open"<<endl;
    abort();
  }
  while(!file.eof())
  {
    ___②___
    i++;
  }
  cout<<"文件字符个数:"<<i<<endl;
    ___③___
  return 0;
}
```

3. 重载运算符“<<”和“>>”，使其能够输入一件商品的信息和输出这件商品的信息。商品的信息有编号、商品名和价格。假如商品类 Merchandise 的框架如下：

```
class Merchandise{
```

```
  public:
    Merchandise();
    ~Merchandise();
    friend istream& operator>>(istream& in,Merchandise& s);  //输入一件商品的信息
    friend ostream& operator<<(ostream& out,Merchandise& s); //输出这件商品的信息
  private:
    int no;                                                  //编号
    char * name;                                             //商品名
    double price;                                            //价格
};
```

要求实现该类，并编写以下的 main 函数对该类进行操作。

```
int main()
{ Merchandise mer;
  cin>>mer;
  cout<<mer;
  return 0;
}
```

4. 编写一个程序，将两个文本文件连接成一个文件，然后将此文件中所有小写字母转换成大写字母，并打印出来。

第13章　C++上机实验题参考解答

13.1　实验1参考解答

1. 编辑、编译、连接和运行以下的C++单文件程序。

```
//test1_1.cpp
#include<iostream>
using namespace std;
int main()
{ cout<<"Hello!\n";
  cout<<"This is a program."<<endl;
  return 0;
}
```

【实验步骤】 略。

【运行结果】

```
Hello!
This is a program.
```

2. 编译下列程序，改正程序中出现的错误，并写出输出结果。

(1)

```
//test1_2_1_1.cpp
#include<iostream>
using namespace std;
int main()
{
  cin>>a;                              //语句 1
  int b=3*a;                           //语句 2
  cout<<"b=<<b<<\n";                   //语句 3
  return 0;
}
```

【错误分析】

① 编译程序，提示有1个error错误。编译出错信息告知在第6行出错，出错原因是变量a未声明。可以在第6行前加上一句“int a;”。

② 重新编译，没有出现编译错误，能通过编译和连接，输出结果为：

```
5↙
b=<<b<<
```

但是,这显然不是我们所希望的结果。为了解决这个问题,可以把语句 3 修改为:

```
cout<<"b="<<b<<endl;
```

【修改后的程序】

```
//test1_2_1_2.cpp
#include<iostream>
using namespace std;
int main()
{ int a;
  cin>>a;                                   //语句 1
  int b=3*a;                                //语句 2
  cout<<"b="<<b<<endl;                      //语句 3
  return 0;
}
```

【运行结果】

程序的一次运行结果如下:

```
5↙
b=15
```

(2)

```
//test1_2_2_1.cpp
int main()
{ cout<<"Hello!\n";
  cout<<"Welcome to C++!"
}
```

【错误分析】

编译程序,提示有 4 个 error 错误,1 个 warning 错误。

① 编译出错信息告知在第 3 行有 2 个 error 错误,第 1 个错误的原因是 cout 未经声明,第 2 个错误的原因是运算符“<<”不合法。这都是因为流对象 cout 是标准的输出流对象,它在文件 iostream 中声明,因此必须包含头文件 iostream。因此应添加以下语句:

```
#include<iostream>
using namespace std;
```

② 编译出错信息告知在第 5 行有 2 个 error 错误。第 1 个 error 错误的原因是运算符“<<”不合法,原因与第 3 行的相同。第 5 行的第 2 个 error 错误原因是第 5 行少了 1 个分号“;”,这是因为每条语句需要由分号作为结束符。也许读者要问,明明这两个错误都是出现在第 4 行,为什么说成第 5 行有错呢?这是因为C++允许将一条语句分写成几行,检查完第 4 行没有分号后,必须检查下一行,直到发现第 5 行的“}”前都没有“;”时,才判定出错。因

此在第5行报错。修改方法是:在第5行语句的末尾加上“;”。

③ 编译出错信息告知第5行有1个warning错误,原因是main函数默认的返回值类型是int,而main函数中没有返回值。修改方法:在“}”前加上返回语句“return 0;”。

【修改后的程序】

```
//test1_2_2_2.cpp
#include<iostream>
using namespace std;
int main()
{ cout<<"Hello!\n";
  cout<<"Welcome to C++!"<<endl;
  return 0;
}
```

【运行结果】

```
Hello!
Welcome to C++!
```

(3)

```
//test1_2_3_1.cpp
#include<iostream>
using namespace std;
int main()
{ int x,y;
  x=5;
  y=6;
  int z=x*y;
  cout<<"x*y="<<z<<endl;
  return 0;
)
```

【错误分析】

编译程序,提示有2个error错误。第1个错误信息告知在第11行出错,出错原因是“}”错写成“)”;由于同样的原因造成了第2个错误,即第12行找不到文件的结束符。修改方法:将“)”改为“}”。

【修改后的程序】

```
//test1_2_3_2.cpp
#include<iostream>
using namespace std;
int main()
{ int x,y;
  x=5;
  y=6;
  int z=x*y;
```

```
  cout<<"x*y="<<z<<endl;
  return 0;
}
```

【运行结果】

```
x*y=30
```

3. 请填空完成程序 test1_3_1.cpp，上机调试、运行并写出输出结果。

```
//test1_3_1.cpp
#include<iostream>
using namespace std;
int add(int a,int b);
int main()
{ int x,y,sum;
  cout<<"Enter two numbers:"<<'\n';
  //在下划线处填上语句，完成用 cin 读入 x 和 y
  ____________
  ____________
  sum=add(x,y);
  cout<<"The sum is:"<<sum<<'\n';
  return 0;
}
int add(int a,int b)
{
  //在下划线处填上语句，完成计算 a 与 b 的和并返回之
  ____________
}
```

【修改后的程序】

```
//test1_3_2.cpp
#include<iostream>
using namespace std;
int add(int a,int b);
int main()
{ int x,y,sum;
  cout<<"Enter two numbers:"<<'\n';
  cin>>x;                                    //填上的语句
  cin>>y;                                    //填上的语句
  sum=add(x,y);
  cout<<"The sum is:"<<sum<<'\n';
  return 0;
}
int add(int a,int b)
{ return a+b;                                //填上的语句
}
```

【运行结果】

程序的一次运行结果如下：

```
Enter two numbers:
3↙
5↙
The sum is: 8
```

13.2 实验2参考解答

1. 编辑、编译、连接和运行以下的C++多文件程序。

```
// file1.cpp
#include<iostream>
using namespace std;
int add(int a,int b);
int main()
{ int x, y, sum;
  cout<<"Enter two numbers:"<<endl;
  cin>>x;
  cin>>y;
  sum=add(x,y);
  cout<<"The sum is: "<<sum<<endl;
  return 0;
}
//file2.cpp
int add(int a,int b)
{ int c;
  c=a+b;
  return c;
}
```

【实验步骤】 略。

【运行结果】

程序的一次运行结果如下：

```
Enter two numbers:
4↙
7↙
The sum is: 11
```

2. 输入以下程序，进行编译，如果有错误，请修改程序，直到没有错误，然后进行连接和运行，并分析运行结果。

```
//test2_2_1.cpp
#include<iostream>
```

```
using namespace std;
int main()
{ void fun(int,int&);
  int x,y;
  fun(3,x);
  fun(4,y);
  cout<<"x+y=<<x+y<<endl;
  return 0;
}
void fun(int m,int &n)
{ n=m*5
}
```

【错误分析】

本题有两处错误：

(1) 语句“cout<<"x+y=<<x+y<<endl;”缺少一个“"”号，应将其修改为：

```
cout<<"x+y="<<x+y<<endl;
```

(2) 函数 fun 中的语句“n=m*5”缺少一个“;”号，应将其修改为：

```
n=m*5;
```

【修改后的程序】

```
//test2_2_2.cpp
#include<iostream>
using namespace std;
int main()
{ void fun(int,int&);
  int x,y;
  fun(3,x);
  fun(4,y);
  cout<<"x+y="<<x+y<<endl;
  return 0;
}
void fun(int m,int &n)
{ n=m*5;
}
```

【运行结果】

```
x+y=35
```

【结果分析】

① 使用引用作函数的形参时，调用函数的实参要用变量名。实参传递给形参，相当于在被调用函数中使用了实参的别名。于是，在被调用函数中对形参的操作实质是对实参的操作，即数据的传递是双向的。

② 程序在第 1 次调用 fun()时，使得 x 得到的值是 15；程序在第 2 次调用 fun()时，使得 y 得到的值是 35。

3. 编写一个程序，用来分别求 2 个整数、3 个整数、2 个双精度数和 3 个双精度数的最大值。要求使用重载函数来完成。

【参考程序】

```
//test2_3.cpp
#include<iostream>
using namespace std;
int maxl(int x,int y)
{ return(x>y?x:y);
}
int maxl(int x,int y,int z)
{ int temp=maxl(x,y);
  return(temp>z?temp:z);
}
double maxl(double x,double y)
{ return(x>y?x:y);
}
double maxl(double x,double y,double z)
{ double temp=maxl(x,y);
  return(temp>z?temp:z);
}
char maxl(char x,char y)
{ return(x>y?x:y);
}
int maxl(char x,char y,char z)
{ int temp=maxl(x,y);
  return(temp>z?temp:z);
}
int main()
{ int x1,x2;
  double d1,d2;
  char c1,c2;
  x1=maxl(3,5);
  x2=maxl(4,5,8);
  c1=maxl('a','b');
  c2=maxl('d','e','h');
  d1=maxl(3.1,5.6);
  d2=maxl(15.3,13.4,27.8);
  cout<<"maxl(3,5)="<<x1<<endl;
  cout<<"maxl(4,5,8)="<<x2<<endl;
  cout<<"maxl(3.1,5.6)="<<d1<<endl;
  cout<<"maxl(15.3,13.4,27.8)="<<d2<<endl;
  cout<<"maxl('a','b')="<<c1<<endl;
```

```
  cout<<"maxl('d','e','h')="<<c2<<endl;
  return 0;
}
```

【运行结果】

```
maxl(3,5)=5
maxl(4,5,8)=8
maxl(3.1,5.6)=5.6
maxl(15.3,13.4,27.8)=27.8
maxl('a','b')=b
maxl('d','e','h')=h
```

4. 编写一个程序，任意从键盘输入两个字符，能将它们按由大到小的顺序输出。要求程序中有一个交换两个字符的函数，其形参是变量的引用。

【参考程序】

```
//test2_4.cpp
#include<iostream>
using namespace std;
void change(char&,char&);
int main()
{ char x,y;
  cin>>x>>y;
  if(x<y)change(x,y);                          //如果 x<y,使 x 和 y 的值互换
  cout<<"max="<<x<<"  min="<<y<<endl;
  rcturn 0;
}
void change(char &t1,char &t2)                  //函数的作用是使 t1 与 t2 互换
{ char temp;
  temp=t1;
  t1=t2;
  t2=temp;
}
```

【运行结果】

```
g j↙
max=j  min=g
```

5. 编写一个程序，对一个整型数组的元素求和，结果使用全局变量 sum 存储，另外对数组元素中的奇数求和，结果使用局部变量 sum 存储，在主程序将两个结果输出。本题要求体会和理解作用域运算符的概念与基本使用方法。

【参考程序】

```
//test2_5.cpp
#include<iostream>
using namespace std;
int a[]={1,2,3,4,5,6,7,8,9,10};
```

```
int sum;
int main()
{ int i;
  int sum=0;
  for(i=0;i<10;i++)
  { if(a[i]%2!=0) sum=sum+a[i];
    ::sum=::sum+a[i];
  }
  cout<<"sum of all is:"<<::sum<<endl;
  cout<<"sum of odd is:"<<sum<<endl;
  return 0;
}
```

【运行结果】

```
Sum of all is: 55
Sum of odd is: 25
```

6. 编写一个程序，声明一个双精度型指针变量，使用运算符 new 动态分配一个 double 型存储区，将首地址赋给该指针变量，并输入一个数到该存储区中。计算以该数为半径的圆的面积，并在屏幕上显示出来，最后使用运算符 delete 释放该空间。

【参考程序】

```
//test2_6.cpp
#include<iostream>
using namespace std;
int main()
{ double * r;
  r=new double;
  cin>> * r;
  cout<<"Area is:"<<3.14 * (* r) * (* r)<<endl;
  delete r;
  return 0;
}
```

【运行结果】

```
12.34↙
Area is: 478.145
```

13.3 实验 3 参考解答

1. 输入下列程序。

```
//test4_1.cpp
#include<iostream>
```

```
using namespace std;
class Coordinate
{ public:
    Coordinate(int x1,int y1)
    { x=x1;
      y=y1;
    }
    Coordinate(Coordinate &p);
    ~Coordinate()
    { cout<<"Destructor is calleded\n";}
    int getx()
    { return x; }
    int gety()
    { return y; }
  private:
    int x,y;
};
Coordinate::Coordinate(Coordinate &p)
{ x=p.x;
  y=p.y;
  cout<<"Copy-initialization Constructor is called\n";
}
int main()
{ Coordinate p1(3,4);
  Coordinate p2(p1);
  Coordinate p3=p2;
  cout<<"p3=("<<p3.getx()<<","<<p3.gety()<<")\n";
  return 0;
}
```

(1) 写出程序的运行结果。

【运行结果】

```
Copy-initialization Constructor is called
Copy-initialization Constructor is called
p3=(3,4)
Destructor is calleded
Destructor is calleded
Destructor is calleded
```

(2) 将 Coordinate 类中带有两个参数的构造函数进行修改,在函数体内增添下述语句:

```
cout<<"Constructor is Called.\n";
```

写出程序的运行结果,并解释输出结果。

【运行结果】

```
Constructor is Called.
Copy-initialization Constructor is called
```

```
Copy-initialization Constructor is called
p3=(3,4)
Destructor is calleded
Destructor is calleded
Destructor is calleded
```

【结果分析】

① 创建对象 p1 时,调用带有两个参数的构造函数,输出第 1 行结果。

② 创建对象 p2 和 p3 时,调用拷贝构造函数,输出第 2 行和第 3 行结果。

③ 当程序运行结束,释放对象 p3、p2 和 p1 时,分别调用析构函数输出最后 3 行结果。

(3) 按下列要求进行调试:

在主函数体内,添加下列语句:

```
Coordinate p4;
Coordinate p5(2);
```

调试程序时会出现什么错误?为什么?如何对已有的构造函数进行适当修改?

【错误分析】

调试程序时,发现添加的两条语句有错。这是因为 Coordinate 类中没有提供适合创建对象 p4 和 p5 的构造函数。为了解决这个问题,可以增加一个默认构造函数和带一个参数的构造函数,但最简单的方法是修改带有两个参数的构造函数,使参数带有默认值。如:

```
Coordinate(int x1=0,int y1=0);
```

这样,创建对象 p4 时,2 个参数分别使用默认值 0 和 0;而创建对象 p5 时,第 1 个参数为 2,第 2 个参数使用默认值 0。

(4) 经过以上第(2)步和第(3)步的修改后,结合运行结果分析:创建不同对象时调用不同的构造函数。

【运行结果】

```
Constructor is Called.
Copy-initialization Constructor is called
Copy-initialization Constructor is called
p3=(3,4)
Constructor is Called.
Constructor is Called.
Destructor is calleded
Destructor is calleded
Destructor is calleded
Destructor is calleded
Destructor is calleded
```

【结果分析】

从输出结果可以看出,程序调用了 3 次构造函数,2 次拷贝构造函数。

① 创建对象时，将根据参数的情况调用相应的构造函数。程序在执行语句

```
Coordinate p1(3,4);
Coordinate p4;
Coordinate p5(2);
```

创建对象 p1、p4 和 p5 时，调用了 3 次构造函数。

② 当用类的一个对象去创建该类的另一个对象时，将调用拷贝构造函数。程序在执行语句

```
Coordinate p2(p1);
Coordinate p3=p2;
```

创建对象 p2 和 p3 时，调用了 2 次拷贝构造函数。

2. 设计一个 4 * 4 魔方程序，让魔方的各行值的和等于各列值的和，并且等于两对角线值的和。例如以下魔方：

```
31   3   5  25
 9  21  19  15
17  13  11  23
 7  27  29   1
```

各行、各列以及两对角线值的和都是 64。

【参考程序】

```
//test3_2.cpp
#include<iostream>
using namespace std;
#include<iomanip>
class magic                                          //声明魔方类 magic
{ public:
    void getdata();                                  //输入初值成员函数
    void setfirstmagic();                            //设置初始魔方成员函数
    void generatemagic();                            //生成最终魔方成员函数
    void printmagic();                               //显示魔方成员函数
  private:
    int m[4][4];
    int step;                                        //相邻元素之间的差值
    int first;                                       //起始值
    int sum;                                         //最大元素值和最小元素值的和
};
void magic::getdata()                                //输入初值成员函数
{
  cout<<"输入 4 * 4 魔方起始值:";
  cin>>first;
  cout<<"输入相邻元素差值:";
  cin>>step;
}
void magic::setfirstmagic()                          //设置初始魔方成员函数
```

```
{
  int i,j;
  int tmp;
  tmp=first;
  for(i=0;i<4;i++)
    for(j=0;j<4;j++)
    {
      m[i][j]=tmp;
      tmp+=step;
    }
}
void magic::generatemagic()                              //生成最终魔方成员函数
{
  sum=m[0][0]+m[3][3];
  for(int i=0,j=0;i<4;i++,j++)
    m[i][j]=sum-m[i][j];
  for(int i=0,j=3;i<4;i++,j--)
    m[i][j]=sum-m[i][j];
}
void magic::printmagic()                                 //显示魔方成员函数
{
  int i,j;
  for(i=0;i<4;i++)
    {
      for(j=0;j<4;j++)
        cout<<setw(5)<<m[i][j];
      cout<<endl;
  }
}
int main()
{
  magic A;
  A.getdata();
  A.setfirstmagic();
  cout<<"初始魔方如下:"<<endl;
  A.printmagic();
  A.generatemagic();
  cout<<"最终魔方如下:"<<endl;
  A.printmagic();
  return 0;
}
```

【运行结果】

程序的一次运行结果如下：

输入 4*4 魔方起始值：1↙

输入相邻元素差值：2↙

初始魔方如下：

```
 1    3    5    7
 9   11   13   15
17   19   21   23
25   27   29   31
```

最终魔方如下：

```
31    3    5   25
 9   21   19   15
17   13   11   23
 7   27   29    1
```

3. 设计一个用来表示直角坐标系的 Location 类，在主程序中创建类 Location 的两个对象 A 和 B，要求 A 的坐标点在第 3 象限，B 的坐标点在第 2 象限，分别采用成员函数和友元函数计算给定两个坐标点之间的距离，要求按如下格式输出结果：

```
A(x1,y1), B(x2,y2)
Distance1=d1
Distance2=d2
```

其中：x1、y1、x2、y2 为指定的坐标值，d1 和 d2 为两个坐标点之间的距离。

【参考程序】

```
//test3_3.cpp
#include<iostream>
#include<cmath>
using namespace std;
class Location{
  public:
    Location(double,double);                        //构造函数
    double Getx()                                   //成员函数,取 x 坐标的值
    {  return x; }
    double Gety()                                   //成员函数,取 y 坐标的值
    {  return y;}
    double Distance(Location&);                     //成员函数,求给定两点之间的距离
    friend double Distance(Location&p1,Location&p2);
                                                    //友员函数,求给定两点之间的距离
  private:
    double x,y;
};
Location::Location(double a,double b)
{  x=a; y=b;
}
double Location::Distance(Location&p)
{  double dx=x-p.x;
```

```
    double dy=y-p.y;
    return(double)sqrt(dx* dx+dy* dy);
 }
double Distance(Location&p1,Location&p2)
{  double dx=p1.x-p2.x;
   double dy=p1.y-p2.y;
   return (double)sqrt(dx* dx+dy* dy);
}
int  main()
{  Location A(-10,-20),B(-40,60);
   cout<<"A("<<A.Getx()<<","<<A.Gety()<<"),B("
     <<B.Getx()<<","<<B.Gety()<<")"<<endl;
   cout<<"Distance1="<<A.Distance(B)<<endl;
   cout<<"Distance2="<<Distance(A,B)<<endl;
   return 0;
}
```

【运行结果】

```
A(-10,-20),B(-40,60)
Distance1=85.44
Distance2=85.44
```

4. 声明一个 Student 类，在该类中包括一个数据成员 score(分数)、两个静态数据成员 total_score(总分)和 count(学生人数)；还包括一个成员函数 account()用于设置分数、累计学生的成绩之和、累计学生人数，一个静态成员函数 sum()用于返回学生的成绩之和，另一个静态成员函数 average()用于求全班成绩的平均值。在 main 函数中，输入某班同学的成绩，并调用上述函数求出全班学生的成绩之和和平均分。

【参考程序】

```
//test3_4.cpp
#include<iostream>
using namespace std;
class Student {
  public:
    void account(double s);
    static double sum();
    static double average();
  private:
    double score;
    static double total_score;
    static double count;
};
double Student::total_score=0;
double Student::count=0;
void Student::account(double s)
{ score=s;
```

```
  total_score=total_score+score;
  count=count+1;
}
double Student::sum()
{ cout<<"所有学生的成绩之和是:";
  return total_score;
}
double Student::average()
{ cout<<"学生的平均成绩是:";
  return total_score/count;
}
int main()
{ Student stud[10];
  int n;
  double s;
  cout<<"请输入学生的人数(1—10):";
  cin>>n;
  for(int i=0;i<n;i++)
  { cout<<"请输入"<<i+1<<"号学生的成绩:";
    cin>>s;
    stud[i].account(s);
  }
  cout<<Student::sum()<<endl;
  cout<<Student::average()<<endl;
  return 0;
}
```

【运行结果】

程序的一次运行结果如下：

```
请输入学生的人数(1—10): 3↙
请输入 1 号学生的成绩: 70↙
请输入 2 号学生的成绩: 80↙
请输入 3 号学生的成绩: 90↙
所有学生的成绩之和是: 240
学生的平均成绩是: 80
```

5. 使用C++ 的 string 类，将 5 个字符串按逆转后的顺序显示出来。例如，逆转前的 5 个字符串是：

```
Germany Japan America Britain France
```

按逆转后的顺序输出字符串是：

```
France Britain America Japan Germany
```

【参考程序】

```
//test3_5.cpp
```

```
#include<iostream>
#include<string>
using namespace std;
int const len=5;
int main()
{ int i;
  void Reverse(string s[]);
  string str[len]={"Germany","Japan","America","Britain","France"};
  cout<<"按逆转前的顺序输出字符串："<<endl;
  for(i=0;i<len;i++)
    cout<<str[i]<<"  ";                            //按逆转以前的顺序输出字符串
  cout<<endl;
  Reverse(str);                                    //进行逆转
  cout<<"按逆转后的顺序输出字符串:"<<endl;
  for(i=0;i<len;i++)
    cout<<str[i]<<"  ";                            //按逆转后的顺序输出字符串
  cout<<endl;
  return 0;
}
void Reverse(string s[])
{
  string t;
  for( int i=0;i<len/2;i++)
  { t=s[i];
    s[i]=s[len-1-i];
    s[len-1-i]=t;
  }
}
```

【运行结果】

按逆转前的顺序输出字符串：

```
Germany Japan America Britain France
```

按逆转后的顺序输出字符串：

```
France Britain America Japan Germany
```

13.4 实验4参考解答

1. 输入下列程序。

```
//test4_1.cpp
#include<iostream>
using namespace std;
class Base{
```

```
  public:
    void setx(int i)
    { x=i; }
    int getx()
    { return x;}
  public:
    int x;
};
class Derived :public Base{
  public:
    void sety(int i)
    { y=i;}
    int gety()
    { return y;}
    void show()
    { cout<<"Base::x="<<x<<endl;                              //语句 1
    }
  public:
    int y;
};
int main()
{ Derived bb;                                                 //语句 2
  bb.setx(16);                                                //语句 3
  bb.sety(25);                                                //语句 4
  bb.show();                                                  //语句 5
  cout<<"Base::x="<<bb.x<<endl;                               //语句 6
  cout<<"Derived::y="<<bb.y<<endl;                            //语句 7
  cout<<"Base::x="<<bb.getx()<<endl;                          //语句 8
  cout<<"Derived::y="<<bb.gety()<<endl;                       //语句 9
  return 0;
}
```

(1) 写出程序的运行结果。

【运行结果】

```
Base::x=16
Base::x=16
Derived::y=25
Base::x=16
Derived::y=25
```

(2) 按以下要求,对程序进行修改后再调试,指出调试中出错的原因。

① 将基类 Base 中数据成员 x 的访问权限改为 private 时,会出现哪些错误?为什么?

【错误分析】

将基类 Base 中数据成员 x 的访问权限改为 private 时,编译程序指出语句 6 和语句 1 有错。这是因为数据成员 x 是类 Base 的私有成员,在类 Base 外基类的对象不能直接访问它，派生类的成员函数也不能访问它。

② 将基类 Base 中数据成员 x 的访问权限改为 protected 时，会出现哪些错误？为什么？

【错误分析】

将基类 Base 中数据成员 x 的访问权限改为 protected 时，编译程序指出语句 6 有错。这是因为数据成员 x 是类 Base 的保护成员，在类 Base 外基类的对象不能直接访问它。

③ 在原程序的基础上，将派生类 Derived 的继承方式改为 private 时，会出现哪些错误？为什么？

【错误分析】

将派生类 Derived 的继承方式改为 private 时，编译程序指出语句 3、语句 6 和语句 8 有错。这是因为当类的继承方式为私有继承时，基类 Base 的公有数据成员 x、公有成员函数 setx()和 getx()作为派生类 Derived 的私有成员，派生类的成员函数可以直接访问它们，但在类外部，派生类的对象无法访问它们。

④ 在原程序的基础上，将派生类 Derived 的继承方式改为 protected 时，会出现哪些错误？为什么？

【错误分析】

将派生类 Derived 的继承方式改为 protected 时，编译程序指出语句 3、语句 6 和语句 8 有错。这是因为当类的继承方式为保护继承时，基类 Base 的公有数据成员 x、公有成员函数 setx()和 getx()作为派生类 Derived 的保护成员，派生类的成员函数可以直接访问它们，但在派生类外部，派生类的对象无法访问它们。

2. 编写一个学生和教师的数据输入和显示程序。学生数据有编号、姓名、性别、年龄、系别和成绩，教师数据有编号、姓名、性别、年龄、职称和部门。要求将编号、姓名、性别、年龄的输入和显示设计成一个类 Person，并作为学生类 Student 和教师类 Teacher 的基类。

【参考程序】

```
//test4_2.cpp
#include<iostream>
#include<string>
using namespace std;
class Person {                                                  //公共基类 Person
  public:
    Person(int no1,string name1,string sex1,int age1)           //构造函数
    { no=no1; name=name1;
      sex=sex1; age=age1;
    }
    void display()                                              //输出基本信息
    { cout<<"编号:"<<no<<endl;
      cout<<"姓名:"<<name<<endl;
      cout<<"性别:"<<sex<<endl;
      cout<<"年龄:"<<age<<endl;
    }
  protected:
```

```
    int no;                                              //编号
    string name;                                         //姓名
    string sex;                                          //性别
    int age;                                             //年龄
};
// Person 的直接派生类 Student
class Student:public virtual  Person{                    //Person 为虚基类
  public:
   Student(int no1,string name1,string sex1,int age1,string depa1,
    int degree1):Person( no1, name1,sex1,age1)           //构造函数
    {
      depa=depa1;
      degree=degree1;
    }
    void display()
    { Person::display();                                 //输出学生的有关数据
      cout<<"系别:"<<depa<<endl;
      cout<<"成绩:"<<degree <<endl;
  }
  protected:
    string depa;                                         //系别
    int degree;                                          //成绩
};
// Person 的直接派生类 Teacher
class Teacher: public virtual  Person                    //Person 为虚基类
{ public:
    Teacher(int no1,string name1,string sex1,int age1,string title1,
      string depart1):Person( no1, name1, sex1,age1)     //构造函数
    { title=title1;
      depart=depart1;
    }
    void display()
    { Person::display();                                 //输出教师的有关数据
      cout<<"职称:"<<title<<endl;
      cout<<"部门:"<<depart <<endl;
    }
  protected:
    string title;                                        //职称
    string depart;                                       //部门
};
int main()                                               //主函数
{ Student stu(10001,"张大民","男",18,"经管系",95);
  Teacher tea(15001,"李小敏","女",48,"副教授","自动化学院");
  cout<<"学生的有关数据如下:"<<endl;
  stu.display();
```

```
  cout<<"教师的有关数据如下:"<<endl;
  tea.display();
  return 0;
}
```

【运行结果】

学生的有关数据如下:

编号: 10001
姓名: 张大民
性别: 男
年龄: 18
系别: 经管系
成绩: 95

教师的有关数据如下:

编号: 15001
姓名: 李小敏
性别: 女
年龄: 48
职称: 副教授
部门: 自动化学院

3. 按要求阅读、编辑、编译、调试和运行以下程序。

(1) 阅读、编辑、编译、调试和运行以下程序,并写出程序的运行结果。

```
//test4_3_1.cpp
#include<iostream>
#include<string>
using namespace std;
class MyArray {                                          //声明一个基类 MyArray
  public:
    MyArray(int leng);                                   //构造函数
    ~MyArray();                                          //析构函数
    void Input();                                        //输入数据的成员函数
    void Display(string);                                //输出数据的成员函数
  protected:
    int * alist;                                         //基类中存放一组整数
    int length;                                          //整数的个数
};
MyArray::MyArray(int leng)
{ if(leng<=0)
  { cout<<"error length";
    exit(1);
  }
  alist=new int [leng];
  length=leng;
```

```
  if(alist==NULL)
  { cout<<"assign failure";
    exit(1);
  }
  cout<<"MyArray类对象已创建。"<<endl;
}
MyArray::~MyArray()
{ delete[] alist;
  cout<<"MyArray类对象被撤销。"<<endl;
}
void MyArray::Display(string str)                    //显示数组内容
{ int i;
  int * p=alist;
  cout<<str<<length <<"个整数: ";
  for(i=0;i<length;i++,p++)
    cout<< * p<<"  ";
  cout<<endl;
}
void MyArray::Input()                                //从键盘输入若干整数
{ cout<<"请从键盘输入"<<length <<"个整数: ";
  int i;
  int * p=alist;
  for(i=0;i<length;i++,p++)
    cin>> * p;
}
int main()
{ MyArray a(5);
  a.Input();                                         //输入整数
  a.Display("显示已输入的");                          //显示已输入的整数
  return 0;
}
```

【运行结果】

程序的一次运行结果如下：

```
MyArray类对象已创建。
请从键盘输入5个整数: 11 33 55 22 44↙
显示已输入的5个整数: 11 33 55 22 44
MyArray类对象被撤销。
```

(2) 声明一个类SortArray继承类MyArray，在该类中定义一个函数，具有将输入的整数从小到大进行排序的功能。

【参考程序】

在第(1)步的基础上增加下面的参考代码：

```
class SortArray: public MyArray{
```

```
  public:
    void Sort();
    SortArray(int leng):MyArray(leng)
    { cout<<"SortArray类对象已创建。"<<endl;
    }
    virtual ~SortArray();
};
SortArray ::~SortArray()
{ cout<<"SortArray类对象被撤销。"<<endl;
}
void SortArray :: Sort()
{ int i,j,temp;
  for(i=0;i<length-1;i++)
    for(j=0;j<length-i-1;j++)
      if(alist[j]>alist[j+1])
        { temp=alist[j];
          alist[j]=alist[j+1];
          alist[j+1]=temp;
        }
}
//并将主函数修改为:
int main()
{ SortArray s(5);
  s.Input();                                    //输入整数
  s.Display("显示排序以前的");                  //显示排序以前的整数
  s.Sort();                                     //进行排序
  s.Display("显示排序以后的");                  //显示排序以后的整数
  return 0;
}
```

【运行结果】

程序的一次运行结果如下:

```
MyArray类对象已创建。
SortArray类对象已创建。
请从键盘输入5个整数: 11 33 55 22 44↙
显示排序以前的5个整数: 11 33 55 22 44
显示排序以后的5个整数: 11 22 33 44 55
SortArray类对象被撤销。
MyArray类对象被撤销。
```

(3) 声明一个类ReArray继承类MyArray,在该类中定义一个函数,具有将输入的整数进行倒置的功能。

【参考程序】

在第(1)步的基础上增加下面的参考代码:

```
class ReArray : public MyArray{
  public:
    void Reverse();
    ReArray(int leng);
    virtual ~ReArray();
};
ReArray::ReArray(int leng):MyArray(leng)
{ cout<<"ReArray类对象已创建。"<<endl;
}
ReArray::~ReArray()
{ cout<<"ReArray类对象被撤销。"<<endl;
}
void ReArray::Reverse()
{ char temp;
  for(int i=0; i<length/2;i++)
  { temp=alist[i];
    alist[i]=alist[length-1-i];
    alist[length-1-i]=temp;
  }
}
//并将主函数修改为：
int main()
{ ReArray r(5);
  r.Input();                                    //输入整数
  r.Display("显示倒置以前的");                  //显示倒置以前的整数
  r.Reverse();                                  //进行倒置
  r.Display("显示倒置以后");                    //显示倒置以后的整数
  return 0;
}
```

【运行结果】

程序的一次运行结果如下：

```
MyArray类对象已创建。
ReArray类对象已创建。
请从键盘输入5个整数：11 33 55 22 44↙
显示倒置以前的5个整数：11 33 55 22 44
显示倒置以后5个整数：44 22 55 33 11
ReArray类对象被撤销。
MyArray类对象被撤销。
```

(4) 声明一个类AverArray继承类MyArray，在该类中定义一个函数，具有求输入的整数平均值的功能。

【参考程序】

在第(1)步的基础上增加下面的参考代码：

```
class AverArray: public MyArray {
  public:
    AverArray(int leng);
    ~AverArray();
    double Aver();
};
AverArray ::AverArray(int leng):MyArray(leng)
{ cout<<"AverArray类对象已创建。"<<endl;
}
AverArray ::~AverArray()
{ cout<<"AverArray类对象被撤销。"<<endl;
}
double AverArray::Aver()
{ int i;
  double s=0;
  for(i=0;i<length;i++)
    s=s+alist[i];
    return s/length;
}
//并将主函数修改为:
int main()
{ AverArray a(5);
  a.Input();                                          //输入整数
  a.Display("显示求平均值以前的");                    //显示求平均值以前的整数
  cout<<"平均值是:"<<a.Aver()<<endl;                  //显示平均值
  return 0;
}
```

【运行结果】

程序的一次运行结果如下：

```
MyArray类对象已创建。
AverArray类对象已创建。
请从键盘输入 5 个整数: 11 33 55 22 44↙
显示求平均值以前的 5 个整数: 11 33 55 22 44
平均值是: 33
AverArray类对象被撤销。
MyArray类对象被撤销。
```

(5) 声明一个 NewArray 类,同时继承了类 SortArray, ReArray 和 AverArray,使得类 NewArray 的对象同时具有排序、倒置和求平均值的功能。在继承的过程中声明 MyArray 为虚基类,体会虚基类在解决二义性问题中的作用。

【参考程序】

```
//test4_3_2.cpp
#include<iostream>
```

```
#include<string>
using namespace std;
class MyArray {                              //声明一个基类 MyArray
  public:
    MyArray(int leng);                       //构造函数
    ~MyArray();                              //析构函数
    void Input();                            //输入数据的成员函数
    void Display(string);                    //输出数据的成员函数
  protected:
    int * alist;                             //基类中存放一组整数
    int length;                              //整数的个数
};
MyArray::MyArray(int leng)
{ if(leng<=0)
    { cout<<"error length";
      exit(1);
    }
  alist=new int[leng];
  length=leng;
  if(alist==NULL)
    { cout<<"assign failure";
      exit(1);
    }
  cout<<"MyArray类对象已创建。"<<endl;
}
MyArray::~MyArray()
{ delete[] alist;
  cout<<"MyArray类对象被撤销。"<<endl;
}
void MyArray::Display(string str)            //显示数组内容
{ int i;
  int * p=alist;
  cout<<str<<length <<"个整数: ";
  for(i=0;i<length;i++,p++)
  cout<< * p<<"  ";
  cout<<endl;
}
void MyArray::Input()                        //从键盘输入若干整数
{ cout<<"请从键盘输入"<<length <<"个整数: ";
  int i;
  int * p=alist;
  for(i=0;i<length;i++,p++)
    cin>> * p;
}
class SortArray : virtual public MyArray
```

```
{                         //声明 MyArray 为虚基类,为了在 NewArray 类的继承中没有二义性
  public:
    void Sort();
    SortArray(int leng):MyArray(leng)
    { cout<<"SortArray类对象已创建。"<<endl;
    }
    virtual ~SortArray();
};
SortArray ::~SortArray()
{
    cout<<"SortArray类对象被撤销。"<<endl;
}

void SortArray::Sort()
{ int i,j,temp;
  for(i=0;i<length-1;i++)
    for(j=0;j<length-i-1;j++)
      if(alist[j]>alist[j+1])
        { temp=alist[j];
          alist[j]=alist[j+1];
          alist[j+1]=temp;
        }
}
class ReArray :virtual public MyArray
{    //声明 MyArray 为虚基类,为了在 NewArray 类的继承中没有二义性
  public:
    void Reverse();
    ReArray(int leng);
    virtual ~ReArray();
};
ReArray::ReArray(int leng):MyArray(leng)
{ cout<<"ReArray类对象已创建。"<<endl;
}
ReArray::~ReArray()
{ cout<<"ReArray类对象被撤销。"<<endl;
}
void ReArray::Reverse()
{ char temp;
  for(int i=0; i<length/2; i++)
    { temp=alist[i];
      alist[i]=alist[length-1-i];
      alist[length-1-i]=temp;
    }
}
class AverArray :virtual public MyArray
```

```
{   //声明 MyArray 为虚基类,为了在 NewArray 类的继承中没有二义性
  public:
    AverArray(int leng);
    ~AverArray();
    double Aver();
};
AverArray ::AverArray(int leng):MyArray(leng)
{ cout<<"AverArray 类对象已创建。"<<endl;
}
AverArray::~AverArray()
{ cout<<"AverArray 类对象被撤销。"<<endl;
}
double AverArray::Aver()
{ int i;
  double s=0;
  for(i=0;i<length;i++)
    s=s+alist[i];
  return s/length;
}
class NewArray:public SortArray,public ReArray, public AverArray{
  public:
    NewArray(int leng);
    ~NewArray();
};
NewArray::NewArray(int leng): MyArray(leng),
          SortArray(leng),ReArray(leng),AverArray(leng)
{ cout<<"NewArray 类对象已创建。\n";
}
NewArray::~NewArray()
{ cout<<"NewArray 类对象被撤销。\n";
}
int main()
{ NewArray n(5);
  n.Input();                                  //输入 5 个整数
  n.Display("显示已输入的");                  //显示已输入的整数
  n.Sort();
  n.Display("显示排序以后的");                //显示排序以后的整数
  n.Reverse();
  n.Display("显示倒置以后的");                //显示倒置以后的整数
  cout<<"平均值是:"<<n.Aver()<<endl;          //求平均值
  return 0;
}
```

【运行结果】

程序的一次运行结果如下:

```
MyArray类对象已创建。
SortArray类对象已创建。
ReArray类对象已创建。
AverArray类对象已创建。
NewArray类对象已创建。
请从键盘输入5个整数:11 33 55 22 44↙
显示已输入的5个整数:11 33 55 22 44
显示排序以后的5个整数:11 22 33 44 55
显示倒置以后的5个整数:55 44 33 22 11
平均值是:33
NewArray类对象被撤销。
AverArray类对象被撤销。
ReArray类对象被撤销。
SortArray类对象被撤销。
MyArray类对象被撤销。
```

13.5　实验5参考解答

1. 分析并调试下列程序,写出程序的输出结果,并解释输出结果。

```
//test5_1.cpp
#include<iostream>
using namespace std;
class B{
  public:
    virtual void f1(double x)
    { cout<<"B::f1(double)"<<x<<endl;
    }
    void f2(double x)
    { cout<<"B::f2(double)"<<2*x<<endl;
    }
    void f3(double x)
    { cout<<"B::f3(double)"<<3*x<<endl;
    }
};
class D:public B{
  public:
    virtual void f1(double x)
    { cout<<"D::f1(double)"<<x<<endl;
    }
    void f2(int x)
    { cout<<"D::f2(int)"<<2*x<<endl;
    }
    void f3(double x)
```

```
    { cout<<"D::f3(double)"<<3*x<<endl;
    }
};
int main()
{ D d;
  B*pb=&d;
  D*pd=&d;
  pb->f1(1.23);                    //语句 1
  pd->f1(1.23);                    //语句 2
  pb->f2(1.23);                    //语句 3
  pb->f3(1.23);                    //语句 4
  pd->f3(3.14);                    //语句 5
  return 0;
}
```

【输出结果】

```
D::f1(double)1.23      (结果 1)
D::f1(double)1.23      (结果 2)
B::f2(double)2.46      (结果 3)
B::f3(double)3.69      (结果 4)
D::f3(double)9.42      (结果 5)
```

【结果分析】

(1) 由于 B 类中函数 f1()是虚函数,f1()在派生类 D 中重新定义时,符合虚函数的定义规则,它仍是虚函数。当通过 B 类指针 pb 指向派生类对象 d 时,语句 1“pb->f1(1.23)”调用的是 D 类中的 f1()函数,输出为结果 1。

(2) 由于 B 类中 f2()和 f3()函数均不是虚函数,当通过基类 B 的指针 pb 调用 f2()和 f3()函数时(语句 3 和语句 4),进行静态联编,所以调用的是基类中的 f2()和 f3()函数,输出为结果 3 和结果 4。

(3) 当通过 D 类指针 pd 指向派生类对象 d 时,语句 2 和语句 5 调用的是派生类 D 中的 f1()和 f3()函数,输出为结果 2 和结果 5。

2. 编写一个程序,其中设计一个时间类 Time,用来保存时、分、秒等私有数据成员,通过重载操作符“+”实现两个时间的相加。要求将小时范围限制在大于等于 0,分钟范围限制在 0～59 分,秒钟范围限制在 0～59 秒。

【参考程序】

```
//test5_2.cpp
#include<iostream>
#include<string>
using namespace std;
class Time{
  public:
    Time(int h=0,int m=0,int s=0);                    //构造函数
    Time operator+(Time&);                            //运算符重载函数,实现两个时间的相加
    void disptime(string);                            //输出时间函数
```

```
  private:
    int hours;                                          //小时
    int minutes;                                        //分钟
    int seconds;                                        //秒钟
};
Time::Time(int h,int m,int s)
{ hours=h;
  if( h<0)
    { cout<<"时钟数小于 0,请修正"<<endl;
      exit(0);
    }
  minutes=m;
  if(m>=60||m<0)
  { cout<<"分钟数小于 0 或大于等于 60,请修正"<<endl;
      exit(0);
  }
  seconds=s;
  if(seconds>=60||seconds<0)
  { cout<<"秒钟数小于 0 或大于等于 60,请修正"<<endl;
  exit(0);
  }
}
Time Time::operator+ (Time& time)
{ int h,m,s;
  s=time.seconds+seconds;
  m=time.minutes+minutes+s/60;
  h=time.hours+hours+m/60;
  Time sum_time(h,m%60,s%60);
  return sum_time;                                      //返回类型为 Time 类类型
}
void Time::disptime(string str)
{ cout<<str;
  cout<<hours<<":"<<minutes<<":"<<seconds<<endl;
}
int main()
{ Time t1(2,45,40),t2(21,28,34),t3;
  t1.disptime("时间 1 是:");
  t2.disptime("时间 2 是:");
  t3=t1+t2;
  t3.disptime("两个时间之和是:");
  return 0;
}
```

【运行结果】

时间 1 是: 2:45:40

```
时间 2 是: 21:28:34
两个时间之和是: 24:14:14
```

3. 给出下面的抽象基类 container:

```
class container{                                   //声明抽象类 container
  protected:
    double radius;
  public:
    container(double radius1);                     //抽象类 container 的构造函数
    virtual double surface_area()=0;               //纯虚函数 surface_area
    virtual double volume()=0;                     //纯虚函数 volume
};
```

要求建立 3 个继承 container 的派生类 cube、sphere 与 cylinder,让每一个派生类都包含虚函数 surface_area()和 volume(),分别用来计算正方体、球体和圆柱体的表面积及体积。要求写出主程序,应用C++ 的多态性,分别计算边长为 6.0 的正方体、半径为 5.0 的球体,以及半径为 5.0 和高为 6.0 的圆柱体的表面积和体积。

【参考程序】

```
//test5_3.cpp
#include<iostream>
using namespace std;
class container{                                   //声明抽象类 container
  protected:
    double radius;
  public:
    container(double radius1);                     //抽象类 container 的构造函数
    virtual double surface_area()=0;               //纯虚函数 surface_area
    virtual double volume()=0;                     //纯虚函数 volume
};
container::container(double radius1)               //定义抽象类 container 的构造函数
{ radius=radius1;
}
class cube:public container                        //声明一个正方体派生类 cube
{ public:
    cube(double radius1):container(radius1)
    { }
    double surface_area()                          //定义虚函数 surface_area
    { return 6*radius*radius;
    }
    double volume()                                //定义虚函数 volume
    { return radius*radius*radius;
    }
};
class sphere:public container                      //声明一个球体派生类 sphere
```

```
{ public:
    sphere(double radius1):container(radius1)
    { };
    double surface_area()                                //纯虚函数 surface_area
    { return 4 * 3.1416 * radius * radius;
    }
    double volume()                                      //纯虚函数 volume
    { return 3.1416 * radius * radius * radius * 4/3;
    }
};
class cylinder: public container                         //声明一个圆柱体派生类 cylinder
{   double height;
  public:
    cylinder(double radius1,double height1):container(radius1)
    { height=height1;
    }
    double surface_area()                                //定义虚函数 surface_area
    { return 2 * 3.1416 * radius * (radius+height);
    }
    double volume()                                      //定义虚函数 volume
    { return 3.1416 * radius * radius * height;
    }
};
int main()
{
  container * ptr;                                       //定义抽象类 Shape 的对象指针 ptr
  cube obj1(5.0);                                        //定义正方体的类对象 obj1
  sphere obj2(5.0);                                      //定义球体的类对象 obj2
  cylinder obj3(5.0,6.0);                                //定义圆柱体的类对象 obj3
  ptr=&obj1;                                             //指针 ptr 指向正方体类对象 obj1
  cout<<"这个正方体的表面积是:"<<ptr->surface_area()<<endl;   //求正方体的表面积
  cout<<"这个正方体的体积是:"<<ptr->volume()<<endl<<endl;    //求正方体的体积
  ptr=&obj2;                                             //指针 ptr 指向球体的类对象 obj2
  cout<<"这个球体表面积是:"<<ptr->surface_area()<<endl;      //求球体的表面积
  cout<<"这个球体的体积是:"<<ptr->volume()<<endl<<endl;      //求球体的体积
  ptr=&obj3;                                             //指针 ptr 指向圆柱体类的对象 obj3
  cout<<"这个圆柱体的表面积是:"<<ptr->surface_area()<<endl;   //求圆柱体的表面积
  cout<<"这个圆柱体的体积是:"<<ptr->volume()<<endl;          //求圆柱体的体积
  return 0;
}
```

【运行结果】

这个正方体的表面积是：150
这个正方体的体积是：125

```
这个球体表面积是: 314.16
这个球体的体积是: 523.6

这个圆柱体的表面积是: 345.576
这个圆柱体的体积是: 471.24
```

4. 编写一个程序,用于进行集合的并、差和交运算。例如输入整数集合{9 5 4 3 6 7}和{2 4 6 9},计算出它们进行集合的并、差和交运算后的结果。

【参考程序】

```
//test5_4.cpp
#include<iostream>
using namespace std;
const int MAX=10;                          //集合中最多的元素个数
class Set{
  public:
     Set::Set();
    void Set::input(int d);                //向集合中添加一个元素
    int Set::length();                     //返回集合中的元素个数
    int Set::getd(int i);                  //返回集合中位置 i 的元素
    void Set::disp();                      //输出集合的所有元素
    Set Set::operator+(Set s1);            //成员运算符重载函数,实现两集合的并运算
    Set Set::operator-(Set s1);            //成员运算符重载函数,实现两集合的差运算
    Set Set::operator*(Set s1);            //成员运算符重载函数,实现两集合的交运算
    Set Set::operator=(Set s1);            //成员运算符重载函数,实现两集合的赋值运算
  protected:
    int len;                               //统计集合中元素的个数
    int s[MAX];                            //存放集合中的元素
};
Set::Set()
{ len=0; }
void Set::input(int d)
{ for(int i=0;i<len; i++)
     if(s[i]==d) return;
       s[len]=d;
  len++;
}
int Set::length()
{ return len;
}
int Set::getd(int i)
{ if(i>=0 && i<len)
     return s[i];
  else
     return -1;
}
```

```
void Set::disp()
{ for(int i=0;i<len;i++)
    cout<<s[i]<<"  ";
  cout<<endl;
}
Set Set::operator+ (Set s1)
{ int len1=len,same;
  for(int i=0;i<s1.len;i++)
  { same=0;
    for(int j=0;j<len1;j++)
      if(s1.getd(i)==getd(j))
      {  same=1;                          //找到重复的元素,则 same=1;
         break;
      }
    if(same==0)                           //未找到重复的元素,则插入
    { s[len]=s1.getd(i);
      len++;
    }
  }
  return(*this);
}
Set Set::operator- (Set s1)
{ int same;
  for(int i=0;i<len;i++)
  { same=0;
    for(int j=0;j<s1.len;j++)
      if(s[i]==s1.getd(j))
      { same=1;                           //找到重复的元素,same=1
        break;
      }
     if(same==1)                          //找到重复的元素,则删除之
     { for(int k=i;k<len;k++)
         s[k]=s[k+1];
       i--;
       len--;
     }
  }
  return(*this);
}
Set Set::operator* (Set s1)
{ int same;
  for(int i=0;i<len;i++)
  { same=0;
    for(int j=0;j<s1.len;j++)
      if(s[i]==s1.getd(j))
```

```
        { same=1;
          break;
        }
      if(same==0)
      { for(int k=i;k<len;k++)
            s[k]=s[k+1];
          i--;
          len--;
      }
    }
    return(*this);
}
Set Set::operator=(Set s1)
{ this->len=s1.len;
    for(int i=0;i<s1.len;i++)
      this->s[i]=s1.getd(i);
    return(*this);
}
int main()
{ Set s1,s2,s3,s4;
    s1.input(9);
    s1.input(5);
    s1.input(4);
    s1.input(3);
    s1.input(6);
    s1.input(7);
    s3=s1;
    s4=s1;
    cout<<"集合 s1 中的元素个数是:"<<s1.length();
    cout<<",其中含有的元素是:";
    s1.disp();
    s2.input(2);
    s2.input(4);
    s2.input(6);
    s2.input(9);
    cout<<"集合 s2 中的元素个数是:"<<s2.length();
    cout<<",其中含有的元素是:";
    s2.disp();
    s1+s2;        //运算后 s1 发生了改变,所以之前要用 s3 和 s4 保存 s1 的初值
    cout<<"集合 s1 和集合 s2 的并(s1+s2)是:";
    s1.disp();
    s3-s2;
    cout<<"集合 s1 和集合 s2 的差(s1-s2)是:";
    s3.disp();
    s4*s2;
    cout<<"集合 s1 和集合 s2 的交(s1*s2)是:";
```

```
  s4.disp();
  return 0;
}
```

【运行结果】

```
集合 s1 中的元素个数是:6,其中含有的元素是: 9  5  4  3  6  7
集合 s2 中的元素个数是:4,其中含有的元素是: 2  4  6  9
集合 s1 和集合 s2 的并(s1+s2)是: 9  5  4  3  6  7  2
集合 s1 和集合 s2 的差(s1-s2)是: 5  3  7
集合 s1 和集合 s2 的交(s1*s2)是: 9  4  6
```

13.6 实验 6 参考解答

1. 分析并调试下列程序,写出运行结果并分析原因。

(1)

```
//test6_1_1.cpp
#include<iostream>
using namespace std;
template<typename T>
T max(T x,T y)                              //函数模板
{ return x>y?x:y;
}
int max(int a,int b)                        //非模板函数
{ return a>b?a:b;
}
double max(double a,double b)               //非模板函数
{ return a>b?a:b;
}
int main()
{ cout<<"max(3,7) is "<<max(3,7)<<endl;
  return 0;
}
```

【运行结果】

```
max(3,7) is 7
```

【结果分析】

函数模板与同名的非模板函数可以重载。在这种情况下,调用的顺序是:首先寻找一个参数完全匹配的非模板函数,如果找到了就调用它;若没有找到,则寻找函数模板,将其实例化,产生一个匹配的模板函数,若找到了,就调用它。所以本例执行“max(3,7)”时,调用模板函数:

```
int max(int x,int y)
```

(2)

```
//test6_1_2.cpp
#include<iostream>
using namespace std;
int Max(int a,int b)                              //非模板函数
{  return a>b?a:b;
}
double Max(double a,double b)                     //非模板函数
{  return a>b?a:b;
}
int main()
{  cout<<"Max('3','7') is "<<Max('3','7')<<endl;
   return 0;
}
```

【运行结果】

```
Max('3','7') is 55
```

【结果分析】

本例执行“Max('3','7')”时,实参 '3' 和 '7' 被隐式类型转换成 ASCII 码 51 和 55,然后传给非模板函数“int Max(int a,int b)”。

2. 编写一个求任意类型数组中最大元素和最小元素的程序,要求将求最大元素和最小元素的函数设计成函数模板。

【参考程序】

```
//test6_2.cpp
#include<iostream>
using namespace std;
template<class T>
T max(T a[],int n)                  //定义函数模板 max,可以求任意类型数组中的最大元素
{ int i;
  T max=a[0];
  for(i=1;i<n;i++)
    if(max<a[i])
      max=a[i];
  return max;
}
template<class T>
T min(T a[],int n)                  //定义函数模板 min,可以求任意类型数组中的最小元素
{ int i;
  T min=a[0];
  for(i=1;i<n;i++)
    if(min>a[i])
      min=a[i];
  return min;
```

```
}
int main()
{ int a[5]={11,22,33,44,55};
  double b[5]={1.1,2.2,3.3,4.4,5.5};
  char c[5]={'a','b','e','d','e'};
  cout<<"数组 a 中最大的元素是:"<<max(a,5)<<endl;
  cout<<"数组 a 中最小的元素是:"<<min(a,5)<<endl;
  cout<<"数组 b 中最大的元素是:"<<max(b,5)<<endl;
  cout<<"数组 b 中最小的元素是:"<<min(b,5)<<endl;
  cout<<"数组 c 中最大的元素是:"<<max(c,5)<<endl;
  cout<<"数组 c 中最小的元素是:"<<min(c,5)<<endl;
  return 0;
}
```

【运行结果】

```
数组 a 中最大的元素是: 55
数组 a 中最小的元素是: 11
数组 b 中最大的元素是: 5.5
数组 b 中最小的元素是: 1.1
数组 c 中最大的元素是: e
数组 c 中最小的元素是: a
```

3. 编写一个程序,使用类模板对数组元素进行排序、倒置、查找和求和。

【参考程序】

```
//test6_3.cpp
#include<iostream>
#include<iomanip>
using namespace std;
template<class Type>
class Array{
  public:
    Array(Type * d,int i)
    { data=d; n=i;
    }
    ~Array(){ }
    void sort();                              //从大到小排序
    void Reverse();                           //将数组倒置
    void find(int k);                         //查找第 k 个元素的值
    Type sum();                               //求数组元素之和
    void display();                           //显示所有数组元素
  private:
   Type * data;
    int n;
};
template<class Type>
void Array<Type>::sort()                      //采用冒泡排序法从大到小排序
```

```
{ int i,j;
  Type temp;
    for(i=1; i<n;i++)
      for(j=n-1;j>=i;j--)
        if(data[j-1]<data[j])
        {
           temp=data[j-1];data[j-1]=data[j];data[j]=temp;
        }
}
template<class Type>
void Array<Type>::Reverse()                         //数组倒置
{ Type temp;
  for(int i=0; i<n/2; i++)
  { temp=data[i];
    data[i]=data[n-1-i];
    data[n-1-i]=temp;
  }
}
template<class Type>
void Array<Type>::find(int k)                        //查找第 k 个元素的值
{ cout<<k<<"元素是:"<<data[k]<<endl;
}
template<class Type>
Type Array<Type>::sum()                              //求数组元素之和
{ Type s=0;int i;
  for(i=0; i<n;i++)
    s+=data[i];
  return s;
}
template<class Type>
void Array<Type>::display()                          //显示所有数组元素
{ int i;
  for(i=0; i<n;i++)
    cout<<data[i]<<"  ";
  cout<<endl;
}
int main()
{ int a[]={5,6,7,2,8,1,4,9};
  double b[]={1.1,3.3,5.5,2.2,4.4,6.6,8.8,9.9,7.7};
  Array<int>a1(a,8);
  cout<<"数组 a:"<<endl;
  cout<<"数组 a 原始的序列是:";
  a1.display();
  a1.sort();
  cout<<"数组 a 排序后的序列是:";
```

```
    a1.display();
    a1.Reverse();
    cout<<"数组 a 倒置后的序列是:";
    a1.display();
    cout<<"数组 a 所有元素之和是:"<<a1.sum()<<endl;
    cout<<"从第 0 个元素开始计算,数组 a 中第";
    a1.find(5);
    Array<double>b1(b,9);
    cout<<"数组 b:"<<endl;
    cout<<"数组 b 原始的序列是:";
    b1.display();
    b1.sort();
    cout<<"数组 b 排序后的序列是:";
    b1.display();
    b1.Reverse();
    cout<<"数组 b 倒置后的序列是:";
    b1.display();
    cout<<"数组 b 所有元素之和是:"<<b1.sum()<<endl;
    cout<<"从第 0 个元素开始计算,数组 b 中第";
    b1.find(4);
    return 0;
}
```

【运行结果】

```
数组 a:
数组 a 原始的序列是: 5 6 7 2 8 1 4 9
数组 a 排序后的序列是: 9 8 7 6 5 4 2 1
数组 a 倒置后的序列是: 1 2 4 5 6 7 8 9
数组 a 所有元素之和是: 42
从第 0 个元素开始计算,数组 a 中第 5 元素是: 7
数组 b:
数组 b 原始的序列是: 1.1 3.3 5.5 2.2 4.4 6.6 8.8 9.9 7.7
数组 b 排序后的序列是: 9.9 8.8 7.7 6.6 5.5 4.4 3.3 2.2 1.1
数组 b 倒置后的序列是: 1.1 2.2 3.3 4.4 5.5 6.6 7.7 8.8 9.9
数组 b 所有元素之和是: 49.5
从第 0 个元素开始计算,数组 b 中第 4 元素是:5.5
```

4. 编写一个程序,求输入数的平方根。设置异常处理,对输入负数的情况给出提示。

【参考程序】

对应的程序如下:

```
//test6_4.cpp
#include<iostream>
#include<cmath>
using namespace std;
double try_sqrt(double a);
```

```
int main()
{ int x;
  while(1)
  { cout<<"请输入一个数:";
    cin>>x;
    try                                                    //检查异常
    { cout<<x<<"的平方根是:"<<try_sqrt(x)<<endl;
    }
    catch(int)                                             //捕获异常,异常类型是 int 型
    { cout<<x<<"是负数,不能求平方根!"<<endl;                  //进行异常处理
      exit(0);
    }
  }
  return 0;
}
double try_sqrt(double a)
{ if(a<0)
    throw 1;                                               //抛出异常,异常类型是 int 型
  return sqrt(a);
}
```

【运行结果】

程序的一次运行结果如下：

```
请输入一个数: 6↙
6的平方根是: 2.44949
请输入一个数: 9↙
9的平方根是: 3
请输入一个数: -5↙
-5是负数,不能求平方根!
```

13.7 实验7参考解答

1. 下面的程序 test7_1_1.cpp 用于打印九九乘法表,但程序中存在错误。请上机调试,使得此程序运行后,能够输出如下所示的九九乘法表。

```
*   1   2   3   4   5   6   7   8   9
1   1
2   2   4
3   3   6   9
4   4   8  12  16
5   5  10  15  20  25
6   6  12  18  24  30  36
7   7  14  21  28  35  42  49
8   8  16  24  32  40  48  56  64
```

```
9   9   18   27   36   45   54   63   72   81
//test7_1_1.cpp
#include<iostream>
#include<iomanip>
using namespace std;
int main()
{ int i,j ;
  cout<<"*";
  for(i=1; i<=9; i++)
    cout<<i<<"  ";
  cout<<endl;
  for(i=1;i<=9; i++)
  { cout<<i;
    for(j=1; j<=i; j++)
      cout<<i*j;
  }
  return 0;
}
```

【修改后的程序】

```
//test7_1_2.cpp
#include<iostream>
#include<iomanip>
using namespace std;
int main()
{ int i,j ;
  cout<<"*";
  for(i=1; i<=9; i++)
    cout<<setw(4)<<i<<"  ";                       //修改后的语句
  //cout<<i<<"  ";                                //删除这条语句
  cout<<endl;
  for(i=1;i<=9; i++)
  { cout<<i;
    for(j=1; j<=i; j++)
      cout<<setw(4)<<i*j<<"  ";                   //修改后的语句
    //cout<<i*j;                                  //删除这条语句
    cout<<endl;                                   //增加的语句
  }
  return 0;
}
```

2. 下面的程序用于统计文件 xyz.txt 中的字符个数，请填空完成程序。

```
//test7_2_1.cpp
#include<iostream>
#include<fstream>
using namespace std;
```

```
int main()
{ char ch;
  int i=0;
  ifstream file;
  file.open("xyz.txt",ios::in);
  if(___①___)
  {
    cout<<"xyz.txt cannot open"<<endl;
    abort();
  }
  while(!file.eof())
  {
    ___②___
    i++;
  }
  cout<<"文件字符个数:"<<i<<endl;
    ___③___
 return 0;
}
```

【参考答案】

① !file

② file. get(ch);

③ file. close();

【修改后的程序】

```
//test7_2_2.cpp
#include<iostream>
#include<fstream>
using namespace std;
int main()
{ char ch;
  int i=0;
  ifstream file;
  file.open("xyz.txt",ios::in);
  if(!file )                                    //①
  {
    cout<<"xyz.txt cannot open"<<endl;
    abort();
  }
  while(!file.eof())
  {
    file.get(ch);                               //②
    i++;
  }
  cout<<"文件字符个数:"<<i<<endl;
  file.close();                                 //③
```

```
  return 0;
}
```

3. 重载运算符“<<”和“>>”，使其能够输入一件商品的信息和输出这件商品的信息。商品的信息有编号、商品名和价格。假如商品类 Merchandise 的框架如下：

```
class Merchandise{
  public:
    Merchandise();
    ~Merchandise();
    friend istream& operator>>(istream& in,Merchandise& s);     //输入一件商品的信息
    friend ostream& operator<<(ostream& out,Merchandise& s);    //输出这件商品的信息
  private:
    int no;                                                     //编号
    char * name;                                                //商品名
    double price;                                               //价格
};
```

要求实现该类，并编写以下的 main 函数对该类进行操作。

```
int main()
{ Merchandise mer;
  cin>>mer;
  cout<<mer;
  return 0;
}
```

【参考程序】

```
//test7_3.cpp
#include<iostream>
using namespace std;
class Merchandise
{ public:
    Merchandise();
    ~Merchandise();
    friend istream& operator>>(istream& in,Merchandise& s);
    friend ostream& operator<<(ostream& out,Merchandise& s);
  private:
    int no;
    char * name;
    double price;
};
Merchandise::Merchandise()
{ name=new char[10];
}
Merchandise::~Merchandise()
{ delete []name;
}
```

```
istream& operator>> (istream& in,Merchandise& s)
{ cout<<"输入一件商品的信息:"<<endl;
  cout<<"编   号:";
  in>>s.no;
  cout<<"商品名:";
  in>>s.name;
  cout<<"价   格:";
  in>>s.price;
  return in;
}
ostream& operator<< (ostream& out,Merchandise& s)
{ out<<"输出这件商品的信息:"<<endl;
  out<<"编   号:"<<s.no<<endl;
  out<<"商品名:"<<s.name<<endl;
  out<<"价   格:"<<s.price<<endl;
  return out;
}
int main()
{ Merchandise mer;
  cin>>mer;
  cout<<mer;
  return 0;
}
```

【运行结果】

程序的一次运行结果如下：

```
输入一件商品的信息:
编   号: 15001↙
商品名: 计算机↙
价   格: 8500↙
输出这件商品的信息:
编   号: 15001
商品名: 计算机
价   格: 8500
```

4. 编写一个程序，将两个文本文件连接成一个文件，然后将此文件中所有小写字母转换成大写字母，并打印出来。

【参考程序】

```
//test7_4.cpp
#include<iostream>
#include <fstream>
using namespace std;
int main()
{ fstream file1,file2,file3,file4;
  char fn1[10],fn2[10],fn3[10],ch;
  cout<<"输入源文件名 1:";
```

```
    cin>>fn1;
    cout<<"输入源文件名 2:";
    cin>>fn2 ;
    cout<<"输入目标文件名:";
    cin>>fn3;
    file1.open(fn1,ios::in);
    file2.open(fn2,ios::in);
    file3.open(fn3,ios::out);
    cout<<"文件"<<fn1<<"中的字符是:";
    while((ch=file1.get())!=EOF)                              //复制源文件 1
    { cout<<ch;
      file3.put(ch);
    }
    cout<<"\n 文件"<<fn2<<"中的字符是:";
    while((ch=file2.get())!=EOF)                              //复制源文件 2
    { cout<<ch;
      file3.put(ch);
    }
    file3.close();
    file3.open(fn3,ios::in);
    cout<<"\n 文件"<<fn3<<"("<<fn1<<'+'<<fn2<<")中的字符是:";
    while((ch=file3.get())!=EOF)
      cout<<ch;
    cout<<endl;
    file3.close();
    file4.open(fn3,ios::in);
    cout<<"文件"<<fn3<<"中的小写字符转换成大写字符后是:";
    while((ch=file4.get())!=EOF)
      cout<<char(toupper(ch));
    cout<<endl;
    file1.close();
    file2.close();
    file4.close();
    return 0;
}
```

【运行结果】

程序的一次运行结果如下：

```
输入源文件名 1: a1.txt↙
输入源文件名 2: b1.txt↙
输入目标文件名: c1.txt↙
文件 a1.txt 中的字符是: asdf
文件 b1.txt 中的字符是: ASDF
文件 c1.txt(a1.txt+b1.txt)中的字符是: asdfASDF
文件 c1.txt 中的小写字符转换成大写字符后是: ASDFASDF
```

参考文献

[1] 陈维兴，林小茶. C++ 面向对象程序设计教程[M]. 3 版. 北京：清华大学出版社，2009.

[2] 陈维兴，陈昕，林小茶. C++ 面向对象程序设计教程(第 3 版)习题解答与上机指导[M]. 北京：清华大学出版社，2009.

[3] 陈维兴，林小茶. C++ 面向对象程序设计[M]. 3 版. 北京：中国铁道出版社，2017.